U0197598

作 者 简 介

杨志军，1968 年生，博士，研究员，云南大学信息学院硕士生导师，云南省教育科学研究院副院长，被授予"云南省技术创新人才"，中国教育技术协会信息技术教育专业委员会常务理事，中国教育学会中小学信息技术教育专业委员会理事，云南省教育体制改革咨询委员、教育信息化专家委员会成员，云南省计算机科学与技术专业教学指导委员会副主任。1990 年毕业于浙江大学计算机系，2008 年成为云南大学信息类专业的首名博士。曾到美国乔治·华盛顿大学作为访问学者和瑞典参与国际项目。长期以来致力于无线网络、轮询控制系统和教育信息化等研究工作，编撰了《云南省教育信息化发展规划（2013—2015）》，主持制订了《云南教育数据中心建设方案》等。同时，结合实践在信息技术领域开展深入研究，参与国家高技术研究发展计划（"863"计划）项目一项，主持国家自然科学基金项目一项，参与三项。工作和研究过程中取得了一系列成果，在《电子学报》《Tsinghua Science and Technology》（《清华大学学报》）《中国电化教育》等国内外核心期刊及会议上发表论文三十多篇，其中二十多篇被 SCI、EI 收录，出版专著两部。作为主持人，2013 年获云南省科学技术奖自然科学奖二等奖，2015 年获云南省信息通信科学技术奖三等奖和云南省教育科研成果奖三等奖，2017 年获中央军委军队科学技术进步奖三等奖。

无线传感器网络MAC协议分析与实现

杨志军　谢显杰　丁洪伟　著

科学出版社

北京

内 容 简 介

作为一种获取信息的新型技术，无线传感器网络已成为网络研究的热点。在无线传感器网络中，媒体接入控制层是影响网络运行的关键技术，它不仅决定着无线信道中资源的分配情况，影响着网络中各节点所携带的有限能源的使用，与此同时还必须满足网络动态变化以及一些突发业务的需求。本书在分析研究已有的无线传感器网络 MAC 协议基础上，对 MAC 协议的轮询控制机制进行研究。一直以来轮询系统特性的精确解析是 MAC 协议研究的难点，尤其是对其二阶特性的精确解析，其过程相当复杂且难度非常大。本书采用嵌入式 Markov 链和概率母函数的分析方法对无线传感器网络轮询系统进行研究，分别精确分析了基本的轮询系统、区分忙/闲环的并行调度轮询系统、非对称完全轮询服务系统、区分优先级的双队列多服务台排队系统、两级优先轮询系统等。并在此基础上开展对系统的实施进行研究，采用无线传感器网络操作系统 TinyOS 以及 FPGA 来进行新系统的实现，在实现过程中对 MAC 帧结构、轮询控制流程等都做了详细的设计，以求用实际的应用场景来验证无线传感器网络的 MAC 协议轮询控制系统的分析结果，并对比分析各类轮询系统的优劣性。

本书适合计算机类、通信类、信息类等专业的高年级本科生和研究生，以及相关领域的科研人员及工程师学习参考。

图书在版编目（CIP）数据

无线传感器网络MAC协议分析与实现/杨志军，谢显杰，丁洪伟著.—北京：科学出版社，2018.12

ISBN 978-7-03-059436-5

Ⅰ.①无… Ⅱ.①杨… ②谢… ③丁… Ⅲ.①无线电通信-传感器-计算机网络-研究 Ⅳ.①TP212

中国版本图书馆 CIP 数据核字(2018) 第 254013 号

责任编辑：胡庆家　钱　俊　孔晓慧／责任校对：彭珍珍
责任印制：吴兆东／封面设计：陈　敬

科学出版社 出版
北京东黄城根北街16号
邮政编码：100717
http://www.sciencep.com

北京虎彩文化传播有限公司印刷
科学出版社发行　各地新华书店经销
*
2018 年 12 月第 一 版　开本：720×1000 B5
2018 年 12 月第一次印刷　印张：13 1/2
字数：270 000
定价：98.00 元
(如有印装质量问题，我社负责调换)

前　言

　　无线传感器网络 (WSN) 是现阶段国际领域颇受重视的多学科交叉热点学科，无线传感器网络实现了数据采集、处理和传输等多方面的功能，其使用的传感器节点存在着重量轻、体积小和功率低、无人值守等一系列良好的特性，因此拥有良好的发展前景，尤其是在军事、环境监测、健康护理、城市交通、仓储管理等领域发挥出了非常积极的作用。而无线传感器网络多路访问控制 (MAC) 协议不仅决定着无线信道中资源的分配情况，还影响着网络中各节点所携带的有限能源的使用方式，能够对动态变化以及一些突发业务的需求提供帮助，因此许多研究人员专注于对无线传感器网络 MAC 协议的研究。

　　1999 年，在中国科学院发布的《信息与自动化领域研究报告》中，其中 "知识创新工程试点领域方向研究" 强调了未来我国在此领域的技术发展，提出无线传感器网络是这一领域建设的五大核心项目之一。2006 年初所颁布的《国家中长期科学与技术发展规划纲要》明确地提出了智能感知、自组织网络和 WSN 技术三方面的发展方向。2011 年工业和信息化部所提出的《物联网 "十二五" 发展规划》中把 WSN 视作发展的一项核心产业内容。现阶段，国内在此领域的研究尚处于初级阶段，商用还相当有限，同时尚无法满足实用的需要，所以我国在此领域的研究不仅面临着机遇，更面临着一系列的挑战。

　　本书在分析研究传统无线传感器网络 MAC 协议的基础上，针对轮询系统进行研究，从三类最基本的轮询方式开始，研究了区分忙/闲环的并行调度轮询系统、非对称完全轮询服务系统、区分优先级的双队列多服务台排队系统、基于 TinyOS 的区分优先级轮询系统、基于现场可编程门阵列 (FPGA) 的区分优先级混合服务两级轮询系统。针对不同的轮询系统，先通过分析研究系统的数学模型，能够得到系统的平均排队队长、平均查询周期、平均等待时间等系统关键参数理论值，再在仿真平台 MATLAB、实际环境应用平台 TinyOS+CC2538、FPGA 上进行实验研究，以证明建模分析的可行性，以及各类模型的优劣情况。希望此书对 MAC 协议、轮询系统的深入分析研究能够为读者在研究无线传感器网络领域提供理论和现实意义的借鉴。

　　全书由 7 章组成：无线传感器网络 MAC 协议概述、无线传感器网络 MAC 协议基本轮询系统模型、区分忙/闲环的并行调度轮询系统分析研究、非对称完全轮询服务系统研究、区分优先级的双队列多服务台排队系统研究、基于 TinyOS 的无线传感器网络 MAC 协议分析研究、基于 FPGA 的区分优先级混合服务两级轮询系统分析研究。

苏杨、丁阳洋、路秀迎、陈传龙、熊家龙、张伟锋和任杰对本书的编写给予了大力支持，并提供了实验分析，在此表示衷心感谢。

本书的出版得到了国家自然科学基金项目 "无线网络中轮询控制系统分析与改进的研究" (项目批准号: 61461054) 和 "融合式多址通信网络理论与控制协议研究" (项目批准号: 61461053) 的支持。

由于作者水平有限，书中不足之处在所难免，恳请广大读者批评指正。

作　者

2018 年 5 月

目　　录

第一章　无线传感器网络 MAC 协议概述

第一节　无线传感器网络简介

无线传感器网络 (wireless sensor networks, WSN) 是现阶段国际领域颇受重视的多学科交叉热点学科,其融合了传感器、嵌入式、现代网络和分布式的处理方法,可以利用各式各样的微传感器实现对监测对象的数据采集工作以及监控。作为一种获取信息的新型技术,无线传感器网络已成为网络研究的一个热点。无线传感器网络能够实时性获取周围环境变量,对所测数据进行分析和融合处理,因此能够为人类研究物理世界提供一种新型的人与客观世界之间的交互方式。尤其是随着当今科学技术领域中传感器技术、无线通信网络、微机处理系统、信号处理和数据分析、超大规模集成电路等技术的不断发展,无线传感器的发展在越来越多的领域中有巨大的应用价值和更为广阔的应用前景,引起了国内外各领域研究机构的极大关注,并且取得了越来越多的研究成果。在人们对其越来越深入的研究和更加广泛的应用热潮中,无线传感器网络将会深入到人类生活的各个领域当中,对人类的生产、生活和发展产生深远的影响。

一、 无线传感器网络体系结构

无线传感器网络主要包含传感器节点 (sensor node)、汇聚节点 (sink node) 和管理节点 (manager node)。图 1.1 为无线传感器网络体系结构,如图所示,当各节点被随机分布于所要监测的区域内并采用自组织的方法构成网络后,传感器节点对周围的目标对象进行监测并定时将监测收集到的数据经由其他传感器节点按照特有的路由协议以逐跳的方式来进行传送。被监测收集的数据在到达汇聚节点的传送过程中可能要经过多个节点的有效处理,最后再通过因特网 (Internet) 或卫星传送到达管理节点。这样实现了用户借助于管理节点对各个传感器节点进行监测,以便于对数据进行采集、分析和决策,从而对传感器网络进行有效的配置和管理。

传感器节点在无线传感器网络中用来收集、转发监测到的信息。传感器节点基本结构如图 1.2 所示,由传感器模块 (传感器、AC/DC)、处理器模块 (处理器、存储器)、无线通信模块 (网络、多路访问控制 (MAC)、收发器) 和能量供应模块四个部分组成,其中传感器模块负责监测区域内信息的采集和数据转换;处理器模块负责控制整个传感器节点的操作、存储及处理采集的数据和其他节点发来的数据;无线通信模块负责与其他传感器节点进行无线通信，交换控制消息和收发采集数据；能量供应模块为整个传感器节点的运行提供能量，其通常采用微型电池。

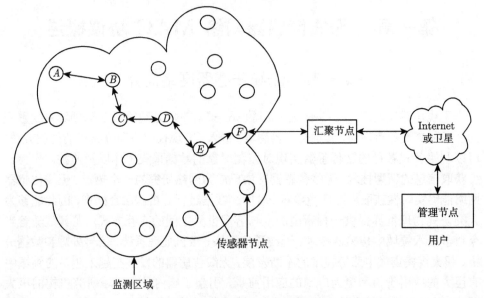

图 1.1　无线传感器网络体系结构

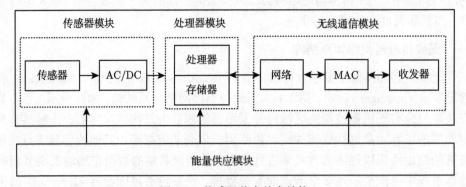

图 1.2　传感器节点基本结构

二、无线传感器网络的特性

无线传感器网络自身的特性决定了其与传统的网络技术有着明显的不同之处。无线传感器网络并非是现有的 Internet 技术和无线通信技术的简单叠加，它是对传统计算机网络的计算模式和设计模式的全面革新，有其自身的特点。

1. 节点数目巨多

由于受单个传感器节点通信能力、自身能量和数据处理等条件的限制，我们通常需要把成千上万个传感器节点抛撒在监测区域，以此使获得的信息具有很高的准确度，此外大量节点能够增大覆盖的监测区域，减少洞穴或者盲区。这种大规模性不仅体现为所要部署的区域很大，还体现为在不大的区域内部署众多的传感器节点来获取该区域内更多维度的监测数据。随着部署节点规模的扩大，可以尽可能多地覆盖到更多的监测区域。在提高监测精度的同时还可以降低单个传感器节点的精度要求。因为部署得非常密集，所以存在很大的冗余，还可以增强系统容错性。

2. 自组织网络

在传感器网络应用中，无线传感器网络节点通常被随机抛撒到面积广阔的区域或随意放置到人不可到达的区域，这些地方基本上没有基础设备。在这样的情况下，我们无法知道节点的具体位置，也不知道传感器节点之间的关系。这种情况下就需要传感器节点具有一定的自组织能力，在被部署到我们很难到达的地方后可以自己进行管理，形成一个可以自我监测并向外传送数据的自组织传感器网络。

3. 动态性网络

在实际应用中，有时候一些传感器节点由于自身能量耗尽而失效，有时候为了一些新的需求需要在传感器网络中加入一些特殊的节点或者由于外在原因一些节点位置发生变动，这些因素都会导致网络拓扑结构发生变化，这就要求无线传感器网络要能够适应这种变化，具有动态的系统可重构性。

4. 网络的可靠性

因为传感器更适合工作在外界环境条件恶劣的地方，在此种情况下传感器节点非常容易遭受人为或者自然的损坏，所以传感器节点要足够坚固，不易被破坏，在恶劣的外界条件下能够正常工作。由于工作条件恶劣，且部署的节点数量非常多，网络的维护变得非常困难。为了避免采集到的信息被盗用，整个网络的安全性和保密性也同样重要。因此整个网络硬件必须具有一定的可靠性。

5. 以数据为中心

无线传感器网络属于任务型网络，单独地讨论传感器节点而不考虑传感器网络是没有意义的。因为节点是随机部署在监测区域内的，所以传感器节点与节点的编号之间的关系并不是确定不变的，而是动态的，也就是说节点的编号与其所处的位置没有必然的联系。当我们通过传感器网络查询某一事件时，不是通知某个确定的节点而是直接通知给传感器网络本身，传感器网络在获取到与事件相关的消息后反馈给观察者，所以传感器网络是一种以数据为中心的网络。

6. 网络的多跳路由

节点的通信距离一般为几十到几百米，节点几乎只能和与它相邻的节点进行直接通信。如果要和其覆盖范围外的节点进行相互通信，就需要中转节点进行路由。相比于固定网络通过网管和路由器来实现，无线传感器网络则通过普通节点来完成多跳路由。在这种情况下，每个普通节点不但可以作为信息的发送点，同时也可以作为中转点为其他节点转发信息。

7. 通信能力有限性

无线传感器网络的通信依赖于不同传感器节点间的无线链路，由于缺少固定的基础设施和中继节点，再加之功率和能耗均为传感器网络中的重要影响因素，单个节点到网络的通信能力和资源就变得相对有限和稀少。一般情况下，节点供电方式采取的是电池供电，在实际应用场合往往不能实现节点的电池更换或充电。所以一旦电池能量耗尽，该节点即失去作用。同时，传感器节点很容易受诸如高山、建筑物等地势地貌因素以及风雨雷电等自然因素的影响，从而无线通信性能较差，通信能力有限。

虽然与传统网络技术相比无线传感器网络自身的特点鲜明，但是传感器节点在实现网络协议时还是存在一定的约束性。首先，电池能量十分有限，因为传感器节点一般都是大批量部署在环境恶劣甚至是人很难接近的区域，此种情况下节点就要成本低廉并且在部署之后不能够更换电源，所以在通常情况下单个节点的体积小，本身只能携带很小的电池。节点能源消耗主要发生在发送、接收数据以及空闲监听三种状态，因此在设计传感器网络协议时，首先需要注意的就是，尽量减少不必要的信息收发，以及在无信息处理时尽早结束空闲监听进入睡眠状态。其次，受传输距离和能源消耗之间的关系影响 (随传输距离的增大，能源的消耗会激增)，以及障碍物和节点自身天线对信号质量的影响，单个节点的无线通信距离一般在100m 内。最后，由于对传感器能耗和价格方面的要求，其自身所携带的处理器的处理能力不会太强，并且存储空间也相对较小，所以有限的计算和存储能力也是对传感器节点完成各种任务的一种很大限制。

三、 无线传感器网络的主要应用

根据无线传感器网络的应用，无线传感器网络可以分为两类：室内无线传感器网络和室外无线传感器网络。室内无线传感器网络可以部署在建筑物、房屋、医院、工厂等地，室外无线传感器网络可以用于战场、环境监测、森林火灾探测、气象或地球物理研究、洪水监测、环境的生物复杂性绘图、污染研究等。无线传感器网络的发展最初是由战场监视等军事应用推动的，随着科技的发展，无线传感器网络现在也被用于多种民用应用领域，包括环境和栖息地监测、医疗应用、家庭自动化和交通控制等方面。下面列举了一些无线传感器网络的应用。

1. 军事应用

在军事应用方面，无线传感器网络可以构成一个集军事指挥、控制、通信、计算、情报、监视、侦察和定位于一体的军事系统。如可以将传感器安装在每一个部队、车辆、装备和关键弹药上，传感器节点就会采集设备的状态数据，通过汇聚节点进行收集并发送给数据中心，这样指挥官或领导人可以不断监测战场上装备和弹药的状况及可用性。除此之外，无线传感器网络可以结合到智能弹药的制导系统中，也可以用于攻击前或攻击后的战斗损伤评估等方面。

2. 环境应用

无线传感器网络的各种环境应用包括跟踪鸟类、昆虫等小动物的移动，监测环境影响作物和牲畜的条件，灌溉，行星探索，化学/生物检测，精准农业，海底、土壤和大气环境监测，森林火灾探测，气象或地球物理研究，洪水监测，环境的生物复杂性绘图和污染研究等方面。

3. 健康应用

通过远程监测人体生理数据、追踪和监测医院内的医生和病人，可以方便对医院进行管理。当然无线传感器网络也可用于卫生领域，其中比较典型的应用是可穿戴无线身体局域网 (WBAN)，WBAN 由便宜、轻便和小型的传感器组成，可以实现长期隐藏式的动态健康监测，并即时反馈患者当前的健康状况和近乎实时地更新用户的医疗记录。这种系统可以用于各种条件下的计算机监督康复，甚至可以及早发现医疗状况。

4. 家庭应用

随着技术的进步，智能传感器节点和执行器可以无缝安装在家用电器中，如吸尘器、微波炉、冰箱和录像机。这些设备可以通过因特网或卫星与外部网络进行交互，从而使终端用户更容易在本地和远程管理家庭设备。传感器节点可以嵌入家具和设备中，并且可以互相通信，也可以与房间服务器进行通信。房间服务器还可以与其他房间服务器进行通信，以了解它们提供的服务，如打印、扫描和传真。

第二节　无线传感器网络 MAC 协议简介

无线传感器网络属于新兴技术，人们在此领域尚未创建起统一的规范。当前的网络技术规范，如 Ad Hoc 网络和轮询控制系统都不能够全面适应于无线传感器网络的实际需求，两者都强调低功耗的网络结构，然而其在工作模式方面存在着一定的区别。轮询系统的工作模式通过网络中的全部节点，把数据集中于汇聚节点，也就是多对一的通信方式，这使得其余节点之间的数据交换变得非常有限。Ad Hoc 网络和其他的部分传统无线网，如同 "比特搬运工"，网络内的节点只是简单地使用存储、转发的方法来搬运数据，并不对数据进行实际的处理，对于无线传感器网络而言，网络仅实现信息分组的传输是不够的，需要对信息分组进行一定的处理，例如，在无线传感器网络中，当多个节点观测到相同事件发生时，其会分别给汇聚节点发送分组数据包，就汇聚节点而言，其仅需要能够获得当中的一个分组便可以，而其余的分组都是没有必要的。假若无线传感器网络当中的节点可以对相同信息分组实现过滤和聚合，能够合理地降低由重复传送分组导致的能量耗损，这将会对网络起到优化的作用。另外，无线传感器网络中功能的达成和节点之间的数据交互关系密切，在网络结构规模不大的情况下，只需要针对特定的范围采集有限的数据，使用普通的 MAC 协议就能够良好地应对节点所面临的数据通信问题。然而伴随无线传感器网络功能领域的不断发展，在一些领域，传统的 MAC 协议已经无法满足人们的需求，比如手机实时语音、视频方面，对于时延有着较高的要求，较高的时延会带来很差的服务质量 (QoS)，又比如数据中心采用的高精度温度监测，其网络当中的节点密度非常大时，节点相互干扰较大，同时在传输数据包的过程中往往会出现碰撞，如何有效地避免数据包传输过程中的碰撞问题也成了一个亟待解决的问题。现阶段大部分无线传感器网络 MAC 协议主要是通过竞争的方法实现信道访问，在网络的带宽相对较为有限、信道规模不大的情况下使用竞争的方法具备较为优秀的性能，然而在规模或是业务量有所提升的情况下，以竞争协议为基础的性能将会大幅降低。例如 S-MAC 协议，在网络数据规模不大的情况下，可以切实地降低节点的空闲侦听时长，由此减少能量耗损，而在数据规模较大的情况下，网络性能会由于数据包冲突而明显有所减弱，控制开销所造成的能耗代价要远超过节约的能耗，从而难以实现节能的目标。

在无线传感器网络中，MAC 协议决定无线信道的使用方式，为节点合理分配通信资源，避免多个节点同时使用信道发生碰撞冲突。MAC 协议处于无线传感器网络协议的底层，对网络的性能有较大的影响，MAC 协议决定着信道的利用率、网络的延迟性，最重要的是它决定能量的消耗。因此它是保证无线传感器网络高效通信的关键网络协议之一，成为无线传感器网络协议研究的热点。

一、无线传感器网络 MAC 协议设计原则

无线传感器节点在自身携带的能量、数据存储能力和通信距离等方面存在缺陷，单个节点功能也相对较弱。因此在设计 WSN MAC 协议时，我们应从以下因素考虑：

(1) 节省能量。无线传感器网络节点通常采用干电池作为电源为其工作提供能量，由于电源本身携带能量有限再加上无线传感器网络往往被抛撒在人难以到达的地方和节点数目众多，很难为它们更换电池或者充电。因此要在满足应用的前提下尽可能延长无线传感器网络的生命周期，节省能量是设计无线传感器网络 MAC 协议首要考虑的问题。

(2) 可扩展性和适应性。在实际应用中，一些传感器节点由于自身能量的耗尽而失效，还有时为了一些新的需求需要在传感器网络中加入一些特殊的节点或者由于外在原因一些节点位置发生变动，这些都会导致无线传感器网络的拓扑结构发生变化，所以 MAC 协议应该也具有扩展性以适应这种网络拓扑变化。

(3) 网络效率。网络效率主要包括网络的吞吐量、网络的公平性、带宽利用率以及实时性等。一个网络的生命周期的长短与能量的供养紧紧相连，给无线传感器节点提供能量的电池由于很难更换或者充电，所以在以上三个因素中节省能量成了设计 MAC 协议最重要的因素，其次为剩余的两个因素。

鉴于能量在无线传感器网络中的重要地位，为了更好地节省能量，提高网络的性能，我们需要知道在无线传感器网络中哪些因素导致了能量的浪费。在 WSN 中造成网络能量浪费的主要因素包括以下几方面：

(1) 在无线传感器网络中，由于节点之间传输信息时间的不确定性，为了不发生信息的丢失，节点会一直对其信道进行侦听，这种无效的侦听会浪费大量的能量。

(2) 在数据发送的过程中会出现一个节点同时接收到多个数据包的情况，数据包之间会发生冲突造成数据包的损坏，这时会造成两方面的能量浪费：发送和接收该数据的节点所消耗的能量；重发数据消耗的能量。

(3) 当节点发送数据给其目的节点时，在其通信范围内的其他节点也有可能接收到该数据，此数据对其来说是没有任何意思的，对这些无用信息的接收和处理会造成能量的浪费。

(4) 在 MAC 协议中，维护协议正常运行需要节点之间相互交换一些控制信息，而这些控制信息中没有包含有用的数据，因此这些信息的交换也损耗一定的能量。

(5) 有时候当节点向目的节点发送信息时，目的节点没有做好接收的准备，就会要求再次发送，这会造成能量浪费。

考虑上面列举的无线传感器网络中能量浪费的方面，有助于我们设计出更加节能的 MAC 协议。比如：为了减少无效的侦听带来的能量损耗，研究者提出了一种周期性的侦听/睡眠机制；为了减少数据冲突造成的能量浪费，提出了一种 RTS/CTS/DATA/ACK 握手机制。

二、　无线传感器网络 MAC 协议研究现状

无线传感器网络最早是由美军提出的，同时被普遍投入军事实用层面，较为有名的有 "战术远程传感器网络系统" "协同交战能力系统"。1994 年，加州大学的 William J. Kaiser 教授向美国国防高级研究计划局 (DARPA) 提交了 *Low Power Wireless Integrated Microsensors* 建议书，对无线传感器网络的建设和长效发展起到了里程碑式的标志性意义。1999 年，在美国召开的移动计算和网络国际会议提出 21 世纪将会是实现无线传感器网络持续发展的重要时代。在迈入 21 世纪之后，伴随微电子和无线通信技术的持续高速发展，无线传感器网络的研究在一系列领域均获得了相当大的发展。2003 年，美国《商业周刊》杂志也将其视作未来的四大高新技术之一。2004 年，美国政府提升了在此领域的研究力度和投入规模。2010

年 1 月，其计划修筑的 "电子虚拟围栏" 完工。无线传感器网络的高速发展和应用范围的拓展，势必会给人们的生产和生活带来相当积极的影响，英国、日本和意大利等国家也开始开展一系列针对无线传感器网络的系统分析与研究。

在国外针对这一领域的研究如火如荼开展之际，国内也启动了有关的研究工作。1999 年，在中国科学院发布的《信息与自动化领域研究报告》中，其中 "知识创新工程试点领域方向研究" 强调了未来我国在此领域的技术发展，提出无线传感器网络是这一领域建设的五大核心项目之一。2006 年初所颁布的《国家中长期科学与技术发展规划纲要》明确地提出了智能感知、自组织网络和无线传感器网络技术三方面的发展方向。2011 年在工业和信息化部所提出的《物联网 "十二五" 发展规划》中把无线传感器网络视作发展的一项核心产业内容。北京大学、复旦大学、北京航空航天大学等一系列知名院校均设置了物联网领域有关的课程，立足于高校教育层面积极地推动在此领域的研究步伐，针对 Ipv6 技术的研究开始获得重大进展。现阶段，国内在此领域的研究尚处于初级阶段，商用还相当有限，同时尚且无法满足实用的需要，所以我国在此领域的研究不仅面临着机遇，更面临着一系列的挑战。

在无线传感器网络中，MAC 协议是可以影响到网络运行能否成功的重要技术。它不仅决定着无线信道中资源的分配情况，影响着网络中各节点所携带的有限能源的使用，与此同时还必须满足网络动态变化以及一些突发业务的需求。无线传感器网络的调度技术成为优化网络性能的一种非常重要的方法，也是在不同的应用研究过程中面临的一个关键性问题，同时网络的特殊性也给其 MAC 协议的优化和设计带来了巨大的挑战。MAC 协议的分类有多种方法，根据信道接入方式的不同将 MAC 协议分为两大类：一类是基于竞争机制的随机多址接入，另一类是基于调度机制的轮询控制接入。无线传感器网络是应用相关的网络，针对不同的传感器网络应用，研究人员从不同方面提出了很多 MAC 协议。

（一）基于竞争机制的随机多址接入

基于竞争机制的信道接入的基本思想是：对于所有节点共享一个信道资源的情况，信道采用按需使用的方式，在没有数据发送需求的情况下，各节点处于睡眠或空闲侦听状态，尽可能做到在节省能耗的同时保持信道监听的有效性以保证数据的收发实时性。一旦有节点需要发送数据，各个节点便以竞争的方式抢占信道的使用权，在这一过程中一旦数据发生碰撞就需要按照一定的策略进行重传或者放弃发送数据，故需要尽量避免冲突的产生以提升信道使用的高效性。由于基于竞争的信道接入是按需分配资源，因此能很好地自适应网络的随机性和动态性。

1. IEEE 802.11 MAC 协议

IEEE 802.11 MAC 协议 [1] 有分布式协调 (DCF) 和点协调 (PCF) 两种访问控制方式。在 DCF 工作方式下，节点在侦听到无线信道忙之后，采用载波侦听/冲突避免 (CSMA/CA) 机制和随机退避时间，实现无线信道共享。PCF 工作方式是基于优先级的无竞争访问控制方式。它通过访问接入点协调节点的数据收发，通过轮询方式查询当前哪些节点有数据发送的请求，并在必要时给予数据发送权。

IEEE 802.11 MAC 协议中通过立即主动确认机制和预留机制来提高性能。在立即主动确认机制中，当目的节点收到一个发给它的有效数据帧 (DATA) 时，必须向源节点发送一个应答帧 (ACK)，确认数据已经被正确接收到。为减少节点间使用共享无线信道的碰撞概率，预留机制要求源节点和目的节点在发送数据帧之前交换简短的控制帧 (请求帧 (RTS) 和清除帧 (CTS))。在从 RTS 开始到 ACK 结束这段时间里信道一直被数据交换过程占用，通过这种方式为数据传输预留了信道。

2. S-MAC 协议

S-MAC 协议 [2] 是被较早提出的一种无线传感器网络 MAC 协议。它是一种基于载波侦听多路访问 (CSMA) 的争用型的控制协议。该协议的设计目的是在提高系统能量效率的同时兼顾网络的可扩展性以及网络拓扑的动态适应性。其基本思想和关键技术是：为了缩短空闲侦听时间，对传感器网络内的节点进行周期性的侦听和睡眠调度，如图 1.3 所示，如果节点在侦听信道的时间段内没有业务到达，则转入睡眠状态，一直持续到下一次侦听来时再开始。在实际应用中，有大量的传感器节点长时间处于空闲状态，这种让具有相同睡眠/唤醒调度的节点形成一个虚拟簇的方式，不仅使相邻节点之间的调度同步有了保障，还满足了网络的可扩展性。为避免数据冲突和串音，S-MAC 协议引入了 RTS/CTS 握手机制，以此来处理隐藏终端和暴露终端的问题。另外，该协议将长信息进行分片传送以提高数据的传送效率；同时，对于一条长信息的分片发送采取只用一次 RTS/CTS 握手机制来处理。

图 1.3　节点的周期性侦听睡眠的过程

尽管 S-MAC 协议可以有效地节约网络的能量消耗，但是节点的睡眠和工作周期并不能根据网络动态业务量的变化进行临时调整，该协议对有严格时延要求的业务以及业务量较高的情况并不适用。

3. T-MAC 协议

T-MAC 协议 [3] 与 S-MAC 协议的工作方式基本相同，实际上就是对 S-MAC

的一种改进协议。T-MAC 协议引入的自适应调节占空比的方法解决了 S-MAC 协议周期受限造成网络负载较小时节点侦听时间增加的问题。在改进后 T-MAC 协议中会周期性地唤醒每个节点，使其进入活跃状态并和周围的节点进行通信。该协议定义了五种激活事件：① 物理层接收到由信道传来的数据包；② 节点数据帧或者认证帧发送完成的事件；③ 当前信道处于无线通信状态；④ 监听 RTS/CTS 确认邻居节点完成数据交换；⑤ 周期性调度定时器的启动唤醒事件。假使在一个 TA 时隙时间内有此五种激活事件中任一事件发生，节点便会以为信道是处于空闲状态从而将射频模块关闭，转为睡眠阶段。虽然 T-MAC 协议可以根据网络流量的动态变化来相应调整睡眠时间，降低网络的能耗，但是这样的随机睡眠机制引发的早睡问题导致了网络时延的增加，使整个系统的性能有所降低。

4. Sift-MAC 协议

Sift-MAC 协议 [4] 主要是针对基于事件的触发应用而提出的，其设计考虑到了一般传感器网络的冗余性，这一特性往往会导致多个节点在同一时间检测到数据而进行对信道的竞争从而造成空间相关的冲突；同时，被检测到待发送的信息中又会存在大量冗余信息，实际上在同一区域内，只需要一部分节点发送信息就可以满足需求。Sift-MAC 协议沿用了传统的 CSMA 机制，但较之传统 CSMA 机制的不同之处为其竞争窗口采用固定的值，同时被分为多个时隙，在任一时隙当中节点将以概率中规定的概率分布函数来进行选择。其设计思想的核心就是，在一个由 N 个节点构成的虚拟簇内，所有节点共享一个信道，当簇内所有节点检测到同一事件或者同一观测量时，协议可以保证在极短的时间内让部分节点对监测信息进行无冲突发送。Sift-MAC 协议的设计思想充分考虑了在一定程度上减少信息的冗余问题以及减少时延和冲突的问题，保证了信道的有效利用率且实现方式也较为简单。但是协议性能的关键问题亟需解决，即如何为节点设计合理的竞争窗口中选择时隙的概率函数。此外，对能量的使用效率问题上，Sift-MAC 协议并没有很好地顾虑到。

(二) 基于调度机制的轮询控制接入技术

在基于调度的 MAC 协议中，每个节点能传输、发送信号的时间是由调度算法决定的，所以多个节点能在无线信道上同时发送信号而不相互干扰。时间通常被划分为时隙，而时隙被进一步组成帧。在每一帧里，每个节点分配至少一个时隙发送信号。一个好的调度算法通常寻找可能的最短帧，以达到高的空间重用性和低的包延迟。

1. TRAMA 协议

流量自适应介质访问 (TRAMA) 协议 [5] 是被较早提出的一种基于轮询的无线传感器网络 MAC 协议，其设计主要是要保证网络内节点可以依据实际的流量来使用预先分配的时隙进行无冲突的通信,对于没有信息传送需求的节点便让其进入睡眠状态,这样便可以减少冲突的产生以及节点空闲侦听所造成的能量损耗。传感器网络的节点需要获取相一致并同步的两跳内的邻居信息,每一节点还要再依据网络报文生成的速率来核算出其调度周期,再根据报文中队列的长度使用规定算法来选择在两跳之内具有最高优先级的时隙对数据进行发送,并且再使用位图来指定数据的接收者。在一段时隙内,若是节点拥有两跳之内邻居节点的最高优先级而且有数据等待发送,则该节点便转入数据传送状态;若是节点被指定为当前调度的接收者,便转为接收状态;否则,节点便进入睡眠状态。TRAMA 协议可以很好地避免冲突,在网络通信时延和信道的利用效率方面也表现出了较为优越的性能,同时其采用的自适应时隙选择 (AEA) 算法尤其适合应用在周期性监测中。但是,应用该协议的网络节点必须具有较大的缓存空间来存储两跳的邻居节点的分配信息,加之 AEA 算法的运行要求有较高的硬件才能实现,这又增加了应用的成本。

2. L-MAC 协议

L-MAC 协议 [6] 采用了分布式算法,并将全网内节点分成了主动节点和被动节点。主动节点的组成连通着主干网络并协商生成分配时隙的调度机制,且为避免冲突,复用时隙之间保持的距离至少要有 3 跳的距离;而被动节点的数据只能够发送给其所属的主动节点,在大多时候都是保持着睡眠状态。同时,考虑到节点内能量的损耗以及网络的流量变化特性,节点的主动性和被动性可以相互转换。骨干网络的连通对网络层建立路由是十分有力的,且能够使路由的开销得到很好的控制或减少。在该协议中,控制分组当中包含了控制信息和数据单元而且其长度是固定的,因为无须考虑冲突的问题,所以也不需要数据交换所需的握手机制而可以直接发送,这样便直接减少了收发器状态的切换次数,从而进一步节省了节点的能量损耗同时也降低了系统对硬件的要求。虽然协议有此优点,但还是存在明显的缺陷:在网络负载较低的情况下,时隙的大量空闲导致信道的利用率大大降低,而在网络负载较高的时候,又使得信息分组严重丢失。另外,主动节点之间调度协商存在冲突致使网络节点的能耗过快。

3. D-MAC 协议

D-MAC 协议 [7] 使用采集树描述网络结构,所有传感器节点转发收到的数据,形成一个以汇聚节点为根节点的树型网络结构,称为数据采集树。D-MAC 协议的核心思想是采用不同深度节点间的交错调度机制,从而减少消息在网络中的传输延迟。将节点周期划分为接收时间、发送时间和睡眠时间。其中接收时间和发送时间相等,均为发送一个数据分组的时间。每个节点的调度具有不同的偏移,下层节点的发送时间对应上层节点的接收时间。这样,节点在传感器节点到汇聚节点的路径上依次唤醒,数据能够连续地从数据源节点传送到汇聚节点,形成一个链式结构,减少睡眠时延,增加占空比,减少冲突。该协议可以减少睡眠时延和冲突,但是其实现比较复杂，且节点之间的通信也不方便。

通过以上现有 MAC 协议的叙述我们可以总结它们的优缺点：

(1) IEEE 802.11 MAC 协议优点：简单，解决了隐蔽终端的问题。缺点：一是节点要持续侦听信道，这样无效的侦听要消耗大量的能量；二是当有节点要发送数据时，在从 RTS 开始到 ACK 结束这段时间里信道一直被数据交换过程占用，造成不公平；三是在传送数据过程中包含控制消息，这些消息不含有用的数据，浪费能量。

(2) S-MAC 协议优点：采用周期性睡眠调度减少空闲侦听带来的能量消耗；协议还可以根据负载高低进行自适应调整。缺点：采用周期性的侦听和睡眠当有节点向目的节点发送数据时，目的节点有可能还处于睡眠状态，只能等到目的节点处于工作状态才能发送数据，这样会造成能量的损耗；采用固定的占空比，在低负载的情况下会导致能量的浪费；虚拟簇边界节点由于采用两种休眠调度，能量的损耗会很大。

(3) T-MAC 协议优点：可根据负载的情况有效地节省能量。缺点：会出现节点早睡的现象，浪费能量；虚拟簇问题仍然存在。

(4) Sift-MAC 协议优点：Sift-MAC 协议是一个新颖而简单的基于竞争窗口的MAC 协议，能满足事件驱动无线传感器网络数据突发性和冗余性。缺点：协议没考虑如何减少空闲侦听。

(5) TRAMA 协议优点：避免了节点在没有数据传送时占用信道，主要是根据节点信息的到达多少有选择性地使节点处于侦听或者睡眠状态，从而节省能量。缺点：该算法要求时钟同步，消耗一定的能量；对节点的计算和存储能力要求高；在AEA 算法中，本地节点要保存不完全的两跳邻居节点的信息，造成空闲监听。

(6) L-MAC 协议优点：在此协议中，控制分组长度固定且包含控制信息和数据单元，因为没有冲突，所以可一起直接发送，无需数据交换握手机制，能进一步减少收发器状态切换次数，节省能量并降低硬件要求。缺点：存在空闲时隙，降低了信道利用率，特别是网络负载较低的时候，网络流量较大时分组丢失严重；主动节点通信任务较重，而且调度协商存在冲突。

(7) D-MAC 协议优点：D-MAC 协议采用交错唤醒机制减少了睡眠带来的通信延迟；采用自适应占空比机制根据负载大小自动调整节点和树状路径上节点的活动时间；通过采用数据预测机制解决同一父节点下不同子节点之间的相互干扰问题；采用 MTS 机制解决了两个节点属于不同的父节点，一个节点在另一个节点的通信范围之内，它们之间相互干扰带来的睡眠延迟问题。缺点：实现复杂，任意节点之间的通信也成问题。

MAC 协议的设计对无线传感器网络非常重要。通常的 MAC 机制有轮询机制和随机多址，由于其各具特点故都被广泛应用于无线传感器网络 MAC 协议的设计中。无线传感器网络轮询控制通常是采用分簇算法将动态自组织状态的网络变为相对固定的簇结构，在簇内则由簇首节点以单跳的方式来查询和控制各个节点的信息传输。而对于网络内随机抛撒的携带有限电量的大量传感器节点很容易因能耗过快而猝死以至于造成传输链路的断裂，针对网络内传感器节点制定能量有效的调度策略可以使有限的能量资源得到合理的使用，因此，这也成了无线传感器网络研究的核心内容。基于这样的一个前提和出发点，已有研究人员对无线传感器网络的应用进行设计改进并提出了大量的 MAC 协议，其设计主旨多是提高协议的时延和能量性能，既要保证系统的各项时效性能，又要保持电池的使用寿命。近几年开发的动态轮询是一个相对较新的技术，也展示出了其较好的性能，但仍有其不足和需要进一步完善的问题。

文献 [8] 介绍了一种混合的 MAC 协议 SCP(schedual channel polling)-MAC，它结合了同步和低功耗侦听 (LPL) 技术。在此协议当中，节点是通过松散同步的间隔唤醒，从而发送短前导码完成会合。与之前的同步和异步协议相比，该方法在能量效率方面有着更高的利用率，降低了同步开销并消除了发送长前导码的需要，因此使用 SCP-MAC 协议发送分组的成本更低。该协议在引入多跳流和自适应轮询方面合并了动态轮询，增加了自适应轮询功能以减少突发业务的多跳延迟。为了实现突发业务的能量效率，SCP-MAC 协议每当接收到分组时增加了每个周期中进行轮询的频率，多跳中的所有节点开始以高频率轮询信道，以便快速地实现业务流从源到宿。

文献 [9] 介绍了一种引入两种机制进行组合来优化能量性能的 Boost-MAC 协议。首先，使用动态前导码长度；其次，部署动态轮询间隔。每当节点发现网络忙时，轮询间隔就被动态地增加，并且当网络业务量变轻时相应地减少，这种技术称为动态 LPL(DLPL)。为了确保发送的数据能够定向地被接收器接收，前导码长度必须等于或长于预期接收器的轮询间隔。Boost-MAC 中的节点通过不断的学习和射频成本分析以确定接收器的轮询间隔，并且因此动态地设置前导码长度。

文献 [10] 介绍了一种基于 EHWSN(energy harvesting based WSN) 的 PP-MAC(probabilistic polling MAC) 协议。在能量效率、吞吐量、可扩展性和公平性方面，PP-MAC 中提出的轮询机制与传统的方法相比具有更高的效率。在此协议中，汇聚节点广播轮询分组，同时向有关的节点传递对应的信息。轮询分组中的争用概率使得接收机决定是否发送数据；该概率基于节点的数量、分组冲突和能量收集的当前速率来进行计算。如果没有节点响应轮询分组，则争用概率增加，如果有两个节点响应轮询分组并且发生冲突，则争用概率减小。类似地，当更多节点加入网络时，竞争概率降低，并且当节点被移除或失败时，竞争概率增加。不仅如此，在能量收集速率有所改变的状况下，有关的竞争概率也同样会伴随改变。

文献 [11] 介绍了一种针对具有动态流量要求的 WSN 开发的一种基于自适应

轮询间隔的异步 MAC 协议 AX-MAC 协议。它在能量和延迟方面的表现都是高效的，因为它可以在没有活动发生在信道上时将节点的状态变为深度睡眠状态，并且在突发业务的情况下也可以快速地唤醒节点。尽管发送器和接收器之间的同步是通过先前的协议 (比如 B-MAC, X-MAC 和 Boost-MAC) 中发送前导码来实现的，但 AX-MAC 协议的创新在于可以决定和动态选择轮询间隔。发送器节点发送一系列具有嵌入的目的地地址的短前导码来代替发送长的前导码。这可以让非目标接收节点在接收到单个短前导码时立即睡眠，而不是时刻处于射频打开的状态等待接收长前导码。相应地，这一协议在业务规模不大的状况下提升轮询间隔，如若不然则降低间隔情况。

文献 [12] 介绍了一种通过动态控制动态轮询介质访问控制中的轮询活动来优化带宽分配和吞吐量的 DP-MAC 协议。根据节点的活动状态，轮询表也相应地动态刷新，然后根据流量要求分配带宽。通过分配优先级来有效地处理紧急事件，由 DP-MAC 协议部署的调度器具有高优先级，并且在基于发生事件的紧急情况进行工作。引入优先级的概念通过减少延迟和响应时间来处理紧急的事件。该协议在管理紧急业务的延迟方面是有效的，然而该协议的存储器开销较高，并且其能量消耗会在轮询表的动态刷新的过程期间增加。

文献 [13] 主要阐述了一种基础优化增强型的同步信道轮询 MAC 协议，其同步了一系列节点的轮询间隔，然而却引发了高延迟。就多跳网络而言，该协议的优点在于能够将延迟和争用大幅降低。在该协议中，附加轮询在原始同步轮询之间沿着路径交错。在这些附加轮询的帮助下，当前一跳节点准备好发送数据时，节点准确地唤醒，而不需要等待直到下一个同步轮询。此外，由于大多数节点在附加信道轮询期间处于睡眠状态，所以与 SCP-MAC 协议相比，竞争明显减少。

文献 [14] 提出了一种基于 PP-MAC 协议中引入的概率轮询和未分配的 CSMA/CA 相组合的 UCSMA-Probabilistic MAC 协议。在发送轮询分组之前，信宿设置争用概率的随机值，并在轮询分组中发送该随机值。而后节点产生随机数，若该数低于亦或是等同于所收到的征用概率，则其发送对应的数据分组。大多数时候，假设只有一个节点响应轮询包，汇聚节点从节点接收的响应的数量动态地调整竞争概率的值。此外，通过两步处理方式避免碰撞的产生。首先，由节点生成的随机数应与竞争概率的随机数匹配；其次，节点之后执行载波侦听。这种方法的主要作用是减少了碰撞发生概率。然而若数个节点产生同样的随机数，那么网络性能也往往会有所减弱。此外，如果在信宿和发射机的唤醒时间之间存在大的间隙，则会造成高的延迟和能量消耗。

文献 [15] 提出了一种基于自适应占空比的 MAC 协议 pQueue-MAC 协议。pQueue-MAC 协议是为了优化基于事件的 WSN 应用动态流量负载而设计的协议。该协议被开发用于基于簇的拓扑，具有一个簇头和许多子节点，在每个簇中分类。

在低业务条件下，基于同步的可变前导 (SVP) 采样用于监听信道。另外，在高业务负载的情况下，时分多址 (TDMA) 时隙由簇头自适应地分配。此外，基于业务负载来自适应地调整信道监听，从而导致有效的带宽利用和空闲监听的减少。pQueue-MAC 协议中的超帧结构分为 4 个周期 (信标、可变 TDMA、SVP 采样和非活动)。信标帧通过簇头周期性地发送从而把时间分成存在有效和无效时段的超帧。SVP 采样是这一协议最大的特点，从而导致其较之于传统的以 CSMA 为基础的 MAC 协议节能效果更优秀。SVP 采样确保短的监听周期，并且前导码的长度通过信标同步进一步缩短。要发送的数据的子节点通过接收信标来学习簇头的调度，然后在簇头的唤醒时间之前唤醒。随着业务负载的增加，子节点的队列长度被用作指示符，在下一个超帧周期中为它们分配 TDMA 时隙。虽然 pQueue-MAC 协议在基于事件的无线传感器网络应用的能量和延迟方面都有着很好的效率，但协议的固有缺点在于其信标传输开销。尽管利用轮询机制协议采取混合方法，将其中簇头和子节点的调度设置为基于信标帧的传输，然而这将导致额外的能量消耗。

无线传感器网络的高效通信能力是众多自身资源受限的传感器网络节点通过相互合作来完成的。MAC 协议通过分配无线信道的使用，对传感器节点的有限资源进行合理的利用，从而影响无线传感器网络的整体性能。随着无线传感器网络的不断发展，无线传感器网络 MAC 协议也成为研究人员必须研究的课题。

无线传感器网络实现了综合数据采集、处理和传输等多方面的功能，存在着重量轻、体积小、功率低、无人值守等一系列良好的特性，如此也使得无线传感器网络具备优秀的发展前景，尤其是在军事、环境监测、健康护理、城市交通、仓储管理等一系列领域发挥出了非常积极的作用。伴随其研究的不断深化，应用也愈发全面，无线传感器网络将会渗透到人类生活的方方面面之中。

无线传感器网络的主要特点在于能量有限性，节点通常是通过干电池、钮扣电池供能，电池的能量往往很难获得及时的补充，同时大规模传感器网络节点普遍部署于较难靠近的范围内，替换节点电池难度较大，因此通过何种方式有效地减少能耗无疑是设计 MAC 协议最重要的目标。节点能耗重点集中于收发数据包，大量的收发包将会致使节点能量发生快速的消耗，收发数据包的过程主要涉及无线信道的使用权限的分配，而 MAC 协议直接影响了无线信道的运用方式，同时给无线传感器的节点配置合理的资源，并建立起完善的基础结构，可以直接影响总体的性能状况，因此 MAC 协议是创建节点通信链路的重要基础。

研究和优化 MAC 协议，实际上也就是研究一组信道使用的规范流程，从而更合理、公平、有效地运用这部分共享介质，由此实现节能、优化网络效率的目标。因此，面向无线传感器网络 MAC 协议的研究，不但存在着很强的理论价值，同时实践意义也值得肯定。

第二章 无线传感器网络 MAC 协议基本轮询系统模型

第一节 基本轮询系统模型

自轮询系统被研究和应用以来，研究者们就越来越多地注意并深入研究其控制机制，轮询的概念和思路得到人们越来越多的认可和广泛应用。作为一种强有力的工具，轮询系统模型以其显著的优越性在诸多领域中尤其是工程领域，代表着广泛的实际应用模型。不管是在工业控制、计算机网络通信，还是医疗、建筑、交通、环境等领域，轮询系统以其具有公平性和实用性的控制方式被普遍应用到各个领域。按照服务策略可以将轮询系统分为三类经典系统，分别为门限 (gated) 服务系统、完全 (exhausted) 服务系统以及限定 (k-limited) 服务系统 [16]。随着研究人员对轮询系统的不断分析和深入研究，轮询系统模型也有了大量的创新和应用。

一个单服务器多队列的轮询系统模型图如图 2.1 所示，基本的轮询系统模型均由一个独立的服务器和 N 个节点队列所组成。在轮询过程中，服务器按照预定的规则依次有序地从第一个节点开始对每个节点进行查询服务，当最后一个节点被查询服务结束即结束这一周期的服务，服务器再返回到第一个节点进行下一周期的轮询。这样便实现了一个或多个资源被 N 个节点共享。通常轮询系统控制机制的运转过程会包括节点信息分组的到达、节点间的查询转换和节点信息的服务这三个过程。

通常情况下，决定轮询系统性能的几个基本要素为：① 各节点被系统查询的顺序，这一要素决定轮询系统动态或者静态的状态，对于静态系统而言，系统对各节点的查询顺序是固定的，而对于动态系统而言，其查询顺序随时间而变；② 被服务器查询时节点内等待服务的信息分组的个数，该要素是由服务策略决定的；③ 同一节点内信息分组被服务的顺序，这第三个要素当中也有不同的原则，如先到先服务 (FCFS) 原则和后到先服务 (LCFS) 原则等。

在以上要素的基础上，我们可以建立不同的轮询系统模型。在对轮询模型的分析研究过程中有几种重要的性能指标，首先是信息的等待时间，对其定义为从一个信息分组到达节点开始到其开始接受服务被发送前的这段时间。信息的排队队长和查询周期也是研究分析的重要指标，前者是指节点内待发送队列的长度，后者则是指服务器对同一节点进行两次相继查询访问的时间差。

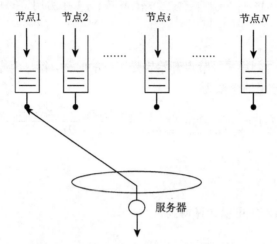

图 2.1　单服务器多队列的轮询系统模型图

在具体的应用中根据不同情景的现场要求以及所遇情况的复杂性，有必要不停地根据现场情况对轮询系统采取及时的优化和调整，比如对节点内信息分组的服务区分优先级、各队列之间信息的路由等，通过不同的优化调整的方法来提高系统的效率以及对系统的应用进行拓展。对轮询系统模型进行有效的优化和改进一直都是轮询系统发展和应用的热点与前提。然而，轮询系统模型的各个性能参数的精确解析是非常困难的一项工作，尤其是对信息分组平均等待时间的解析计算，其难度是相当大的，所以对大多数轮询系统模型来说只能推导出接近标准理论值的表达式，很多时候只能采用实验仿真对系统的性能进行模拟分析。本章将介绍在嵌入式 Markov 链法和多概率母函数分析方法的支持下，对门限、完全和限定 $(k=1)$ 三种基本的轮询服务系统模型进行研究和分析。

第二节　门限服务系统

轮询系统的门限服务是指对于获得发送权的节点，只发送查询服务时刻之前节点内所到达的信息分组数，对于在发送期间所到达的数据分组将在下一周期轮询时再进行发送。系统在 t_{n+1} 时刻的概率母函数为

$$G_{i+1}(z_1, z_2, z_3, \cdots, z_i, \cdots, z_N)$$
$$= \lim_{n \to \infty} E\left[\prod_{j=1}^{N} z_j^{\xi_j(n+1)}\right]$$

$$= R \left[\prod_{j=1}^{N} A(z_j) \right] G_i \left[z_1, z_2, \cdots, z_{i-1}, B \left(\prod_{j=1}^{N} A(z_j) \right), z_{i+1}, \cdots, z_N \right] \quad (2.1)$$

其中 $i = 1, 2, \cdots, N$。

定义：在 t_n 时刻第 i 号节点开始接受服务的时候，第 j 号节点缓存器中存储的平均数据信息分组的个数为

$$g_i(j) = \lim_{z_1, z_2, \cdots, z_i, \cdots, z_N \to 1} \frac{\partial G_i(z_1, z_2, \cdots, z_i, \cdots, z_N)}{\partial z_j} \quad (2.2)$$

其中 $i = 1, 2, \cdots N; j = 1, 2, \cdots, N$。

一、平均排队队长

根据定义式 (2.2) 可以计算得到

$$g_i(i) = \frac{\lambda_i \sum\limits_{j=1}^{N} \gamma_j}{1 - \sum\limits_{j=1}^{N} \beta_j \lambda_j} \quad (2.3)$$

因此门限服务信息分组的平均排队队长是

$$g_i(i) = \frac{N\gamma\lambda}{1 - N\rho} \quad (2.4)$$

二、平均查询周期

系统的平均查询周期是指同一个节点被系统服务器两次查询访问到的时刻之间时间差的统计平均值，由转换时间以及服务时间组成，通过理论计算得到平均查询周期的表达式为

$$E(\theta) = \frac{N\gamma}{1 - N\rho} \quad (2.5)$$

三、平均等待时间

定义：

$$g_i(j, k) = \lim_{z_1, z_2, \cdots, z_j, \cdots, z_k, \cdots, z_N \to 1} \frac{\partial^2 G_i(z_1, z_2, \cdots, z_j, \cdots, z_k, \cdots, z_N)}{\partial z_j \partial z_k} \quad (2.6)$$

其中 $i = 1, 2, \cdots, N; j = 1, 2, \cdots, N; k = 1, 2, \cdots, N$。

根据定义式 (2.6) 可以计算得到门限服务系统的平均等待时间为

$$E(W_G) = \overline{W}_{i1} + \overline{W}_{i2} + \overline{W}_{i3} = \frac{(1+\rho)g_i(i, i)}{2\lambda g_i(i)}$$

$$= \frac{1}{2} \left\{ \frac{R'(1)}{\gamma} + \frac{1}{1 - N\rho} \left[(N-1)\gamma + (N-1)\rho + 2N\gamma\rho + N\lambda B'(1) \right. \right.$$
$$\left. \left. + \frac{(1 + \rho - N\rho)A'(1)}{\lambda^2} \right] \right\} \tag{2.7}$$

第三节 完全服务系统

轮询系统的完全服务是指对于获得发送权的节点，不仅要对发送查询服务时刻之前节点内所到达的信息分组数进行发送，对于在发送服务期间到达的信息分组也都要进行发送服务，直到节点内不再有信息分组到达。系统在 t_{n+1} 时刻的概率母函数为

$$G_{i+1}(z_1, z_2, z_3, \cdots, z_i, \cdots, z_N)$$
$$= \lim_{n \to \infty} E \left[\prod_{j=1}^{N} z_j^{\xi_j(n+1)} \right]$$
$$= R \left[\prod_{j=1}^{N} A(z_j) \right] G_i \left[z_1, z_2, \cdots, z_{i-1}, B \left(\prod_{j=1}^{N} A(Z_j) F \left(\prod_{j=1}^{N} A(z_j) \right) \right), z_{i+1}, \cdots, z_N \right] \tag{2.8}$$

其中 $F(z_i) = A(B(z_i F(z_i))); i = 1, 2, \cdots, N$。

定义：在 t_n 时刻第 i 号节点开始接受服务的时候，第 j 号节点缓存器中存储的平均数据信息分组的个数为

$$g_i(j) = \lim_{z_1, z_2, z_3, \cdots, z_N \to 1} \frac{\partial G_i(z_1, z_2, \cdots, z_i, \cdots, z_N)}{\partial z_j} \tag{2.9}$$

其中 $i = 1, 2, \cdots, N; j = 1, 2, \cdots, N$。

一、平均排队队长

根据定义式 (2.9) 可以计算得到完全服务信息分组的平均排队队长是

$$g_i(i) = \frac{N\gamma\lambda(1 - \rho)}{1 - N\rho} \tag{2.10}$$

二、平均查询周期

系统的平均查询周期是指同一个节点被系统服务器两次查询访问到的时刻之间时间差的统计平均值，由转换时间以及服务时间组成，通过理论计算得到完全服务系统的平均查询周期的表达式为

$$E(\theta) = \frac{N\gamma}{1 - N\rho} \tag{2.11}$$

三、平均等待时间

定义：

$$g_i(j,k) = \lim_{z_1,z_2,\cdots,z_j,\cdots,z_k,\cdots,z_N \to 1} \frac{\partial^2 G_i(z_1, z_2, \cdots, z_j, \cdots, z_k, \cdots, z_N)}{\partial z_j \partial z_k} \tag{2.12}$$

其中 $i = 1, 2, \cdots, N; j = 1, 2, \cdots, N; k = 1, 2, \cdots, N$。

根据定义式 (2.12) 可以计算得到完全服务的平均等待时间是

$$
\begin{aligned}
E(W_G) &= \overline{W}_{i1} + \overline{W}_{i2} \\
&= \frac{1}{2} \left\{ \frac{R''(1)}{\gamma} + \frac{1}{1 - N\rho} \left[(N-1)\gamma + (N-1)\rho + N\lambda B''(1) \right] + \frac{\rho A''(1)}{\lambda^2 (1 - N\rho)} \right\}
\end{aligned}
\tag{2.13}
$$

第四节　限定 ($k = 1$) 服务系统

限定轮询系统的服务器在对队列的服务过程中，每次只对 $k(k \geqslant 1)$ 个信息分组进行服务，之后就转入下一个队列进行服务，依次周期性地进行服务。轮询系统的限定 ($k = 1$) 服务是指对于获得发送权的节点，对非空节点内的信息分组只发送一个。系统在 t_{n+1} 时刻的概率母函数为

$$
\begin{aligned}
&G_{i+1}(z_1, z_2, z_3, \cdots, z_i, \cdots, z_N) \\
&= \lim_{n \to \infty} E \left[\prod_{j=1}^{N} z_j^{\xi_j(n+1)} \right] \\
&= R \left[\prod_{k=1}^{N} A(z_k) \right] \left\{ B \left[\prod_{k=1}^{N} A(Z_k) \frac{1}{z_i} [G_i(z_1, z_2, \cdots, z_i, \cdots, z_N) \right. \right. \\
&\quad - G_i(z_1, z_2, \cdots, z_{i-1}, 0, z_{i+1} \cdots, z_N)] \\
&\quad \left. \left. + G_i(z_1, z_2, \cdots, z_{i-1}, 0, z_{i+1} \cdots, z_N) \right] \right\}, \quad i = 1, 2, \cdots, N
\end{aligned}
\tag{2.14}
$$

定义：

$$g_i(j) = \lim_{z_1, z_2, z_3, \cdots, z_N \to 1} \frac{\partial G_i(z_1, z_2, \cdots, z_i, \cdots, z_N)}{\partial z_j} \tag{2.15}$$

其中 $i = 1, 2, \cdots, N; j = 1, 2, \cdots, N$。

一、平均排队队长

根据定义式 (2.15) 可以计算得到限定 ($k = 1$) 服务的平均排队队长是

$$g_i(i) = \frac{N}{2[1 - N\lambda(\gamma + \beta)]} \left\{ 2\lambda\gamma(1 - \lambda\gamma) + \frac{(N-1)\lambda^2\gamma(\rho - \gamma)}{1 - N\rho} \right.$$

$$+\left[1+\frac{\rho}{1-N\rho}\right]\gamma A''(1)+\frac{N\lambda^3\gamma B(1)}{1-N\rho}+\lambda^2 R''(1)\right\} \tag{2.16}$$

其中 $i=1,2,\cdots,N$。

二、平均查询周期

系统的平均查询周期是指同一个节点被系统服务器两次查询访问到的时刻之间时间差的统计平均值，由转换时间以及服务时间组成，通过理论计算得到限定 $(k=1)$ 服务系统的平均查询周期的表达式为

$$E(\theta)=\frac{\displaystyle\sum_{i=1}^{N}\gamma_i}{1-\displaystyle\sum_{i=1}^{N}\rho_i}=\frac{N\gamma}{1-N\rho} \tag{2.17}$$

三、平均等待时间

通过对系统概率母函数特性的计算，我们可以得到限定 $(k=1)$ 服务系统的平均等待时间的表达式为

$$\begin{aligned}E(W_G)&=\overline{W}_t+\overline{W}_s\\&=\frac{R''(1)}{2\gamma}+\frac{1}{\{2\left[1-N\lambda(\gamma+\beta)\right]\}}\Big[(N-1)\gamma+(N-1)\rho+2N\gamma\rho\\&\quad+\frac{(N\lambda\gamma+\rho)A''(1)}{\lambda^2}+N\lambda B''(1)+N\lambda R''(1)\Big]\end{aligned} \tag{2.18}$$

第五节 三种基本的轮询服务系统性能的分析和比较

通过对以上三种不同服务规则的轮询系统的精确解析，我们得到了其关键性能参数的数学解析式。基于离散时间对称系统对三类不同服务规则的轮询系统在处理器为 Intel Core i3@3.3GHz，操作系统为 Windows 7 旗舰版的台式计算机上利用 MATLAB 7.0 进行了仿真实验和对比，假定系统处于理想状态且参数相同，实验仿真结果如下。

图 2.2 和图 2.3 分别是对三种不同服务策略平均排队队长和平均时延的比较。可以看出，完全服务与门限服务的平均排队队长和时延都比限定 $(k=1)$ 服务的要小，但其公平性却不及限定服务，三种服务规则的轮询系统各有其优缺点。

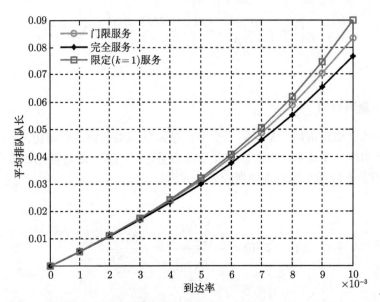

图 2.2　平均排队队长的比较 $(\beta = 8, \gamma = 1, N = 5)$

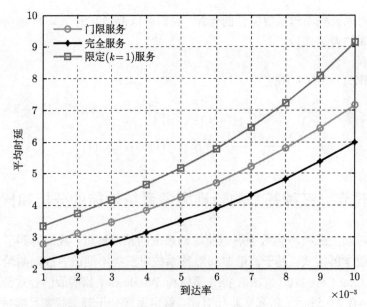

图 2.3　平均时延的比较 $(\beta = 8, \gamma = 1, N = 5)$

　　首先，这三种策略的轮询系统具有相同的平均查询周期。

　　其次，从平均排队队长和平均时延这两方面性能来看，完全服务系统的性能最好，而门限服务系统又要优于限定 $(k = 1)$ 服务系统。

最后，从"公平性"的角度分析，限定 $(k=1)$ 服务系统的性能最好，门限服务系统优于完全服务系统。在轮询系统中采取限定 $(k=1)$ 服务规则，系统每个节点中数据最多发送一个，这样系统的公平性得到了保证，可是在灵活性上却不及完全服务系统。

本 章 小 结

轮询系统按服务策略的不同一般可分为门限、完全和限定三类系统。三类系统的分析一直是研究的热点和难点，通过对三类轮询系统进行建模分析，本章给出了各系统模型的平均排队队长、平均查询周期和平均等待时间的精确表达式。之后对三类服务策略的轮询系统进行了仿真实验，在系统运行条件均相同的情况下对这三类系统性能进行了比较分析。从中看出，对于限定 $(k=1)$ 服务的系统，其公平性较优，但其数据发送的平均等待时间相对要长；而在完全服务的系统中，虽然数据的平均等待时间最短，其公平性却最差；门限服务系统的各项性能则都介于两者之间。三种类型的服务系统各有优缺点，对传统轮询系统的分析方法和其关键性能参数的解析是对轮询模型研究改进和拓展应用的理论基础。

第三章 区分忙/闲环的并行调度轮询系统分析研究

第一节 区分忙/闲环的并行调度轮询系统模型

一、系统模型分析

1. 系统模型

在第二章中我们对基本的轮询系统进行了较为详细的分析和研究,从中可以了解到在轮询系统中服务策略的不同直接影响到系统的性能。而且在实际应用情况下,服务器进行周期查询的时候,并不是所有节点都有信息服务需求,对于空闲节点的查询将会影响有信息服务需求的节点,从而影响到整个系统的性能以及系统资源的浪费,不能很好地节约能源和发挥较好的系统性能。因此提出一种区分忙/闲环的并行调度轮询系统进行讨论和研究。

区分忙/闲环的并行调度轮询系统如图 3.1 所示,系统原理如下:轮询系统包含一个服务器和 N 个节点,系统在运行过程中其 N 个节点可动态地划分为一个忙环子系统 (即系统内为有服务请求的节点) 和一个闲环子系统 (即系统内为没有服务请求的节点)。服务器按顺序查询系统内的节点 $i(i = 1, 2, \cdots, N)$,对被划分为忙环内的忙节点进行服务,同时,一旦闲环内的节点有信息分组需要被发送,则这些节点将发送服务需求,服务器接收请求后便将其从闲环列表中删除而加入忙环内并依照其查询顺序号等待被查询服务。当忙环内的节点被查询到时,服务器将按照门限服务的规则对其进行服务,即只对开始查询服务时刻之前到达的信息分组进行服务,在服务期间及之后到达的信息分组将转入下一轮询周期进行服务。与此同时,转换查询阶段用的是并行调度的机制,即在服务当前节点的同时还要查询到下一待服务的节点,这样,一旦服务器完成对当前节点的服务,便可立即切换到下一个忙节点进行服务,这样,系统一直处于数据信息发送状态,而单独的查询转换过程的时间便被节省了。另外,如果当前被轮询的节点在服务完成后不再有信息服务需要了,那么该节点将被从忙环列表中删除而加入闲环内,等到有服务需求时再重新加入忙环。整个系统就是这样构成了区分忙/闲环的并行调度轮询系统,使用了区分忙/闲节点构成忙/闲环的轮询调度策略,使系统内有服务需求的忙环内的节点能够及时高效地工作,忙队列的服务得到保证;而空闲节点则可以在未被查询服务的时候进入低功耗状态,从而达到节能的效果。

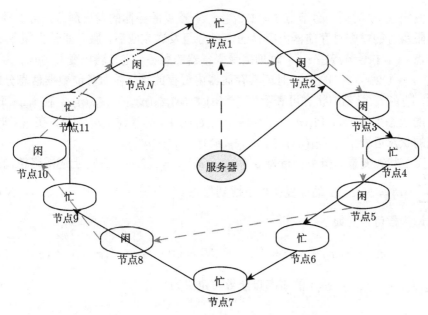

图 3.1 区分忙/闲环的并行调度轮询系统

2. 变量定义

为了用 Markov 链来分析系统的模型, 特定义以下变量:

$\xi_i(n)$: 节点 $i(i = 1, 2, \cdots, N)$ 在 t_n 时刻所缓存的数据信息的个数;

$v_i(n)$: 服务器对节点 i 按门限服务规则对信息进行传输所需的时间;

$\eta_j(v_i)$: 在 $v_i(n)$ 时间内进入节点 j 的数据信息的个数, 其中 $j = 1, 2, \cdots, N$。

3. 系统工作条件

(1) 任何时刻进入各个节点存储器中等待被传送的数据信息的到达过程服从于相互独立同分布的泊松分布, 其分布的概率母函数为 $A_i(z)$, 均值为 $\lambda_i = A_i'(1)$, 方差为 $\sigma_\lambda^2 = A_i'(1) + \lambda_i - \lambda_i^2$;

(2) 服务器对任何一个节点 i 进行服务时, 发送一个信息分组所需时间的随机变量服从于独立同分布的概率分布, 其分布的概率母函数为 $B_i(z)$, 均值为 $\beta_i = B_i'(1)$, 方差为 $\sigma_\beta^2 = B_i''(1) + \beta_i - \beta_i^2$;

(3) 规定每个节点内的存储器有足够大的缓存容量, 不会发生数据信息丢失的情况;

(4) 对于进入存储器内的缓存信息分组, 将按照先入先出 (FIFO) 的原则进行发送。

4. 系统概率母函数

对区分忙/闲环的并行调度轮询系统进行分析:

　　假定在 t_n 时刻 i 号节点 $i = 1, 2, \cdots, N$ 接受服务器的发送服务，当 i 号节点按门限服务的规则对存储器内缓存的信息分组发送完成后，服务器转去服务 $i + 1$ 号节点，$i + 1$ 号节点在 t_{n+1} 时刻接受服务器的服务。定义随机变量 $\xi_i(n)$ 为 i 号节点 $(i = 1, 2, \cdots, N)$ 在 t_n 时刻其存储器内缓存的等待被服务的数据信息分组的个数，则在 t_n 时刻的状态可表示为 $\{\xi_1(n), \xi_2(n), \xi_3(n), \cdots, \xi_N(n)\}$，在 t_{n+1} 时刻，系统的状态可表示为 $\{\xi_1(n+1), \xi_2(n+1), \xi_3(n+1), \cdots, \xi_N(n+1)\}$，在 t_{n^*} 时刻，系统的状态可表示为 $\{\xi_1(n^*), \xi_2(n^*), \xi_3(n^*), \cdots, \xi_N(n^*)\}$。

　　系统状态变量的概率分布为 $p[\xi_i(n) = x_i]\,(i = 1, 2, \cdots, N)$，上述网络轮询系统在 $\sum\limits_{i=1}^{N} \lambda_i \beta_i = N\rho_i < 1$ 的前提条件下达到稳态 (其中 $\rho_i = \lambda_i \beta_i$，$i = 1, 2, \cdots, N$)，其概率母函数可定义如下：

$$\lim_{n \to \infty} p\,[\xi_i(n) = x_i; i = 1, 2, \cdots, N] = \pi_i(x_1, x_2, \cdots, x_i, \cdots, x_N)$$

$\pi_i(x_1, x_2, \cdots, x_i, \cdots, x_N)$ 的概率母函数可定义为

$$G_i(z_1, z_2, \cdots, z_i, \cdots, z_N)$$
$$= \sum_{x_1=0}^{\infty} \sum_{x_2=0}^{\infty} \cdots \sum_{x_i=0}^{\infty} \cdots \sum_{x_N=0}^{\infty} \pi_i(x_1, x_2, \cdots, x_i, \cdots, x_N) \cdot z_1^{x_1} z_2^{x_2} \cdots z_i^{x_i} \cdots z_N^{x_N} \quad (3.1)$$

其中 $i = 1, 2, \cdots, N$。

　　当服务器在 t_{n+1} 时刻开始对 $i + 1$ 号节点服务时，有关系式：

$$\begin{cases} \xi_j(n+1) = \xi_j(n) + \eta_j(v_i) \\ \xi_i(n+1) = \eta_j(v_i) \end{cases} \quad (i \neq j) \quad (3.2)$$

于是，在 t_{n+1} 时刻有

$$G_{i+1}(z_1, z_2, \cdots, z_N)$$
$$= \lim_{t \to \infty} E\left[\prod_{j=1}^{N} z_j^{\xi_j(n+1)} \right]$$
$$= G_i\left(z_1, z_2, \cdots, B_i\left(\prod_{j=1}^{N} A_j(z_j) \right), z_{i+1}, \cdots, z_N \right)$$
$$- G_i(z_1, z_2, \cdots, z_N) \cdot \bigg|_{z_1, z_2, \cdots, z_N = 0} + \prod_{j=1}^{N} A_j(z_j) G_i(z_1, z_2, \cdots, z_N) \bigg|_{z_1, z_2, \cdots, z_N = 0}$$
$$(3.3)$$

其中 $i = 1, 2, \cdots, N$。

式中 $G_i(z_1, z_2, \cdots, z_N)|_{z_1, z_2, \cdots, z_N=0}$ 为 t_n 时刻全部 N 个节点存储器内缓存的信息分组个数均为 0 时的系统状态变量的概率分布母函数，在以下内容中，我们统一将其记为 C，即令 $C = G_i(z_1, z_2, \cdots, z_N)|_{z_1, z_2, \cdots, z_N=0}$。

二、平均排队队长

定义：在 t_n 时刻第 i 号节点开始接受发送服务时，第 j 号节点存储器内缓存的等待传输的数据信息的个数为 $g_i(j)$，可通过下式得到

$$g_i(j) = \lim_{z_1, z_2, \cdots, z_N \to 1} \frac{\partial G_i(z_1, z_2, \cdots, z_N)}{\partial z_j} \tag{3.4}$$

其中 $i = 1, 2, \cdots, N; j = 1, 2, \cdots, N$。

同时再作如下定义：

$$g_{i0}(j) = \lim_{z_1, z_2, \cdots z_{i-1}, z_{i+1}, \cdots z_N \to 1} \frac{\partial G_i(z_1, z_2, \cdots, z_{i-1}, 0, z_{i+1}, \cdots, z_N)}{\partial z_j} \tag{3.5}$$

其中 $i = 1, 2, \cdots, N; j = 1, 2, \cdots, i-1, i+1, \cdots, N$。

通过式 (3.3) 计算对 z_j 的一阶偏导可得

$$g_{i+1}(j) = \lambda \beta g_i(i) + g_i(j) + C\lambda \tag{3.6}$$

通过式 (3.3) 计算对 z_i 的一阶偏导可得

$$g_{i+1}(i) = \lambda \beta g_i(i) + C\lambda \tag{3.7}$$

由式 (3.6) 和式 (3.7) 计算 $\sum\limits_{i=1}^{N} g_{i+1}(j)$，从而可得

$$g_i(i) = \frac{N\lambda C}{1 - N\lambda \beta} \tag{3.8}$$

三、平均查询周期

定义系统节点的查询周期为：同一节点被服务器前后两次访问时刻的时间差，其具体为 N 个节点按规定的服务规则进行一次服务所花费时间的统计平均值，由 N 个节点的服务时间构成，设节点的循环期为 θ，则利用平均查询周期与平均排队队长的关系可得

$$N * E(\theta) = \sum_{i=1}^{N} g_i(i)\beta \tag{3.9}$$

所以，系统节点的平均查询周期为

$$E(\theta) = \frac{N\rho C}{1 - N\rho} \tag{3.10}$$

四、平均等待时间

定义：信息分组的平均等待时间为信息分组从进入节点缓存器开始到其将被发送出去的这一段时间。

定义：

$$g_i(j,k) = \lim_{z_1,z_2,\cdots,z_j,\cdots,z_k,\cdots,z_N \to 1} \frac{\partial G_i(z_1,z_2,\cdots,z_j,\cdots,z_k,\cdots,z_N)}{\partial z_j \partial z_k} \tag{3.11}$$

其中 $i = 1,2,\cdots,N; j = 1,2,\cdots,N; k = 1,2,\cdots,N$。

对式 (3.3) 求二阶偏导，可以得到

$$g_{i+1}(j,k) = C\lambda^2 + [\lambda^2 B_i''(1) + \lambda\rho]g_i(i)$$
$$+ \rho^2 g_i(i,i) + \rho g_i(i,k) + \rho g_i(j,i) + g_i(j,k) \quad (i \neq j \neq k) \tag{3.12}$$

$$g_{i+1}(j,i) = C\lambda^2 + [\lambda^2 B_i''(1) + \lambda\rho]g_i(i) + \rho^2 g_i(i,i) + \rho g_i(j,i) \quad (i \neq j \neq k) \tag{3.13}$$

$$g_{i+1}(i,k) = C\lambda^2 + [\lambda^2 B_i''(1) + \lambda\rho]g_i(i) + \rho^2 g_i(i,i) + \rho g_i(i,k) \quad (i \neq j \neq k) \tag{3.14}$$

$$g_{i+1}(j,j) = CA_j''(1) + [B_i''(1)\lambda^2 + A_j''(1)\beta]g_i(i)$$
$$+ \rho^2 g_i(i,i) + \rho g_i(i,j) + \rho g_i(j,i) + g_i(j,j) \quad (i \neq j) \tag{3.15}$$

$$g_{i+1}(i,i) = CA_i''(1) + [B_i''(1)\lambda^2 + A_i''(1)\beta]g_i(i) + g_i(i,i) \tag{3.16}$$

由式 (3.12) ~ 式 (3.14) 计算 $\sum_{i=1}^{N} g_{i+1}(j,k)$，得到

$$2g_k(j,k) = NC\lambda^2 + N[\lambda^2 B''(1) + \lambda\rho]g_i(i) + N\rho^2 g_i(i,i) + 2\rho \sum_{\substack{i=1 \\ i \neq k}}^{N} g_i(i,k) \tag{3.17}$$

由式 (3.15) 和式 (3.16) 计算 $\sum_{i=1}^{N} g_{i+1}(j,j)$，得到

$$g_j(j,j) = NCA''(1) + N[\lambda^2 B''(1) + \beta A''(1)]g_j(j) + N\rho^2 g_j(j,j) + 2\rho \sum_{\substack{k=1 \\ k \neq i}}^{N} g_k(i,k) \tag{3.18}$$

对式 (3.17) 计算 $\sum_{j=1}^{N} \sum_{\substack{k=1 \\ k \neq j}}^{N} 2g_k(j,k)$ 并对式 (3.18) 计算 $\sum_{j=1}^{N} g_j(j,j)$，两式化简后得到

$$g_i(i,i) = \frac{N^2 \lambda C}{(1+\rho)(1-N\rho)}\left\{\left(1 - \frac{1}{N}\right)\lambda\rho + \frac{[1 - \rho(N-1)]\lambda A''(1)}{N}\right.$$

$$+ \frac{(N-1)\rho[\lambda\rho - A''(1)\beta] + \lambda^2 B''(1) + \beta A''(1)}{1 - N\rho} \Bigg\} \tag{3.19}$$

由下式计算信息分组的平均等待时间为

$$E(W_G) = \frac{(1+\beta)g_i(i,i)}{2\lambda g_i(i)} \tag{3.20}$$

将式 (3.18) 和式 (3.19) 分别代入式 (3.20) 得到

$$E(W_G) = \frac{1}{2}\Bigg\{(N-1)\rho + \frac{[1-(N-1)\rho]A''(1)}{\lambda^2} + \frac{1}{1-N\rho}[N(N-1)\rho^2 + \lambda B''(1)]$$
$$+ \frac{1}{1-N\lambda\beta}[1-(N-1)\rho]\beta A''(1)\Bigg\} \tag{3.21}$$

五、 数值理论分析及实验分析

在上述理论分析的基础上,我们对区分忙/闲环的并行调度轮询控制系统模型在处理器为 Intel Core i3@3.3GHz,操作系统为Windows 7旗舰版的台式计算机上利用 MATLAB 7.0 进行了实验验证,假定系统处于理想状态且参数相同,实验仿真结果如下。

1. 平均排队队长

表 3.1 ~ 表 3.3 分别为系统节点平均排队队长在不同节点个数、不同系统负载以及不同服务时间情况下的理论值与仿真值的比较,在仿真平台上得出的理论计算值和实验仿真值的结果是一致的。

表 3.1　平均排队队长理论值与仿真值 $(\lambda = 0.0036, \beta = 2)$

N	理论值	仿真值
5	0.00056	0.00061
10	0.0012	0.0012
15	0.0018	0.0018
20	0.0025	0.0026
25	0.0033	0.0033
30	0.0041	0.0040
35	0.0051	0.0050
40	0.0061	0.0060
45	0.0072	0.0071

图 3.2 ~ 图 3.4 分别是系统节点的平均排队队长在不同节点个数、不同系统负载以及不同服务时间情况下的理论值与仿真值的曲线图,能比较直观地看出实验仿真值和理论计算值是一致的。

表 3.2　平均排队队长理论值与仿真值 ($N = 20, \beta = 2$)

$N\lambda$	理论值	仿真值
0.008	0.00024	0.00025
0.024	0.00076	0.00079
0.040	0.0013	0.0014
0.056	0.0019	0.0020
0.072	0.0025	0.0026
0.088	0.0032	0.0032
0.104	0.0039	0.0039
0.120	0.0047	0.0047
0.128	0.0052	0.0052
0.144	0.0061	0.0060
0.246	0.0145	0.0143
0.318	0.0262	0.0261
0.384	0.0497	0.0495
0.408	0.0665	0.0661
0.432	0.0953	0.0950
0.450	0.1350	0.1348
0.456	0.1555	0.1553

表 3.3　平均排队队长理论值与仿真值 ($N = 20, \lambda = 0.0004$)

β	理论值	仿真值
6	0.000252	0.000258
12	0.000265	0.000284
18	0.000280	0.000291
24	0.000297	0.000313
30	0.000316	0.000325
36	0.000337	0.000333
42	0.000361	0.000362
48	0.000390	0.000396
54	0.000423	0.000430
60	0.000462	0.000469
66	0.000508	0.000514
72	0.000566	0.000571
78	0.000638	0.000640
84	0.000732	0.000735
90	0.000857	0.000860
96	0.0010	0.0011
102	0.0013	0.0014
108	0.0018	0.0017
114	0.0027	0.0027
120	0.0060	0.0056

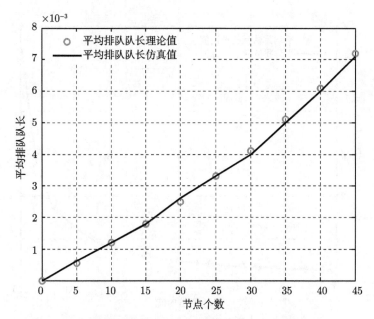

图 3.2 平均排队队长与节点个数的关系 $(\lambda = 0.0036, \beta = 2)$

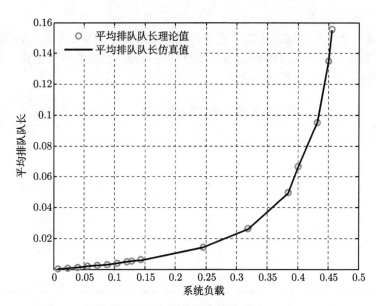

图 3.3 平均排队队长与系统负载的关系 $(N = 20, \beta = 2)$

表 3.1 ~ 表 3.3 和图 3.2 ~ 图 3.4 反映了系统平均排队队长随节点个数、系统负载以及服务时间的变化情况。可以看到，采用的理论分析方法能够较为合理地描述区分忙/闲环的并行调度轮询系统，理论计算值和实验仿真值近似程度较好。

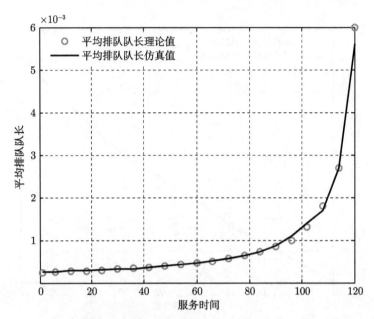

图 3.4　平均排队队长与服务时间的关系 ($N = 20, \lambda = 0.0004$)

2. 平均查询周期

表 3.4 ~ 表 3.6 分别为系统节点平均查询周期在不同节点个数、不同系统负载以及不同服务时间情况下的理论值与仿真值的比较, 在仿真平台上得出的理论计算值和实验仿真值的结果是一致的。

表 3.4　平均查询周期理论值与仿真值 ($\lambda = 0.0036, \beta = 2$)

N	理论值	仿真值
5	0.0011	0.0012
10	0.0023	0.0023
15	0.0036	0.0036
20	0.0050	0.0051
25	0.0066	0.0065
30	0.0083	0.0082
35	0.0101	0.0100
40	0.0121	0.0121
45	0.0144	0.0143

图 3.5 ~ 图 3.7 分别是系统节点的平均查询周期在不同节点个数、不同系统负载以及不同服务时间情况下的理论值与仿真值的曲线图, 能比较直观地看出实验仿真值和理论计算值是一致的。

表 3.5 平均查询周期理论值与仿真值 ($N = 20, \beta = 2$)

$N\lambda$	理论值	仿真值
0.008	0.00049	0.00051
0.024	0.0015	0.0016
0.040	0.0026	0.0028
0.056	0.0038	0.0039
0.072	0.0050	0.0052
0.088	0.0064	0.0064
0.104	0.0079	0.0079
0.112	0.0087	0.0087
0.120	0.0095	0.0095
0.128	0.0103	0.0104
0.144	0.0121	0.0120
0.246	0.0291	0.0291
0.384	0.0993	0.0992
0.408	0.1330	0.1328
0.432	0.1906	0.1903
0.456	0.3109	0.3108
0.480	0.7200	0.7200

表 3.6 平均查询周期理论值与仿真值 ($N = 20, \lambda = 0.0004$)

β	理论值	仿真值
6	0.0015	0.0016
12	0.0032	0.0033
18	0.0050	0.0052
24	0.0071	0.0071
30	0.0095	0.0098
36	0.0121	0.0120
42	0.0152	0.0152
48	0.0187	0.0189
54	0.0228	0.0230
60	0.0277	0.0278
66	0.0336	0.0337
72	0.0408	0.0410
78	0.0498	0.0500
84	0.0615	0.0617
90	0.0771	0.0774
96	0.0993	0.0996
102	0.1330	0.1333
108	0.1906	0.1905
114	0.3109	0.3107
120	0.7200	0.7204

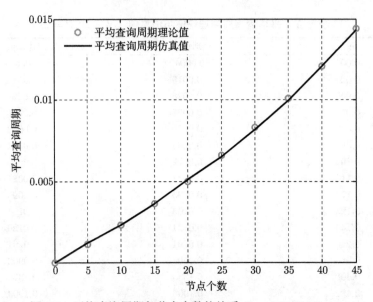

图 3.5　平均查询周期与节点个数的关系 $(\lambda = 0.0036, \beta = 2)$

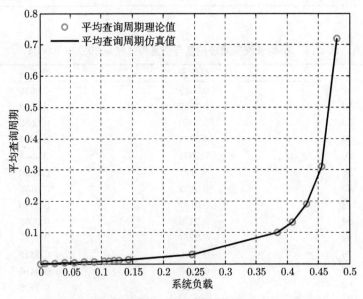

图 3.6　平均查询周期与系统负载的关系 $(N = 20, \beta = 2)$

　　表 3.4 ~ 表 3.6 和图 3.5 ~ 图 3.7 为系统平均查询周期随节点个数、系统负载以及服务时间的变化。可以看到，采用的理论分析方法能够较为合理地描述区分忙/闲环的并行调度轮询系统，理论计算值和实验仿真值近似程度较好。

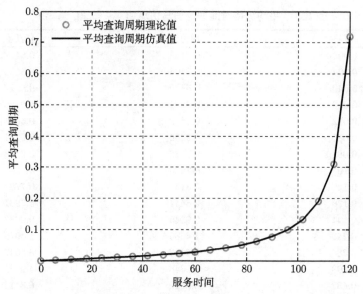

图 3.7　平均查询周期与服务时间的关系 ($N = 20, \lambda = 0.0004$)

3. 平均等待时间

表 3.7 ~ 表 3.9 分别为系统节点平均等待时间在不同节点个数、不同系统负载以及不同服务时间情况下的理论值与仿真值的比较，在仿真平台上得出的理论计算值和实验仿真值的结果是一致的。

表 3.7　平均等待时间理论值与仿真值 ($\lambda = 0.0036, \beta = 2$)

N	理论值	仿真值
5	0.5373	0.5322
10	0.5776	0.5728
15	0.6211	0.6205
20	0.6682	0.6627
25	0.7195	0.7141
30	0.7755	0.7806
35	0.8369	0.8405
40	0.9045	0.9103
45	0.9793	0.9844

图 3.8 ~ 图 3.10 分别是系统节点的平均等待时间在不同节点个数、不同系统负载以及不同服务时间情况下的理论值与仿真值的曲线图，能比较直观地看出实验结果的仿真值和理论计算值是一致的。

表 3.8　平均等待时间理论值与仿真值 $(N = 20, \beta = 2)$

$N\lambda$	理论值	仿真值
0.008	0.5163	0.5457
0.024	0.5504	0.5673
0.040	0.5870	0.5927
0.056	0.6261	0.6428
0.072	0.6682	0.6617
0.080	0.6905	0.6771
0.088	0.7136	0.6908
0.104	0.7626	0.7365
0.120	0.8158	0.7782
0.128	0.8441	0.7961
0.144	0.9045	0.9039
0.246	1.4685	1.4679
0.384	3.8103	3.8047
0.408	4.9348	4.9263
0.432	6.8529	6.8413
0.456	10.8636	10.8579
0.480	24.5000	24.4765

表 3.9　平均等待时间理论值与仿真值 $(N = 20, \lambda = 0.0004)$

β	理论值	仿真值
6	0.6513	0.6661
12	1.1372	1.1380
18	2.0140	2.0146
24	3.3515	3.3524
30	5.2368	5.2374
36	7.7809	7.7815
42	11.1265	11.1253
48	15.4610	15.4622
54	21.0352	21.0360
60	28.1923	28.1911
66	37.4153	37.4138
72	49.4057	49.4066
78	65.2234	65.2222
84	86.5488	86.5477
90	116.2143	116.2155
96	159.3966	159.3950
102	226.6739	226.6728
108	343.5588	343.5576

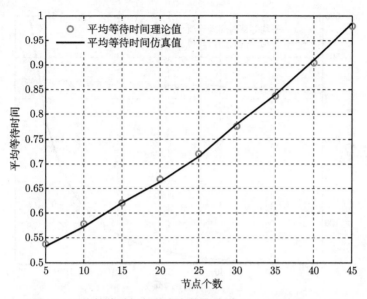

图 3.8 平均等待时间与节点个数的关系 $(\lambda = 0.0036, \beta = 2)$

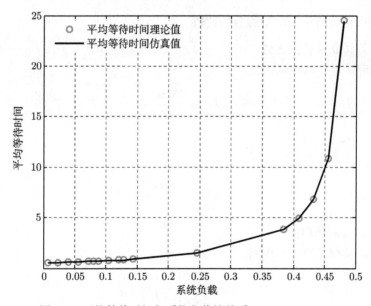

图 3.9 平均等待时间与系统负载的关系 $(N = 20, \beta = 2)$

表 3.7 ～ 表 3.9 和图 3.8 ～ 图 3.10 反映了系统平均等待时间随节点个数、系统负载以及服务时间的变化情况。可以看到，采用的理论分析方法能够较为合理地描述区分忙/闲环的并行调度轮询系统，理论计算值和实验仿真值近似程度较好。

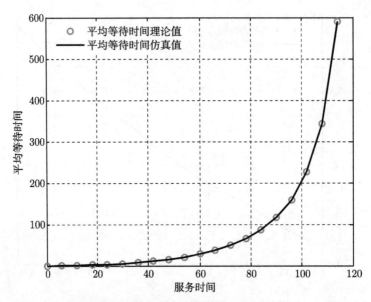

图 3.10　平均等待时间与服务时间的关系 $(N = 20, \lambda = 0.0004)$

六、改进后模型与单一门限服务的比较

1. 平均排队队长的比较

改进后模型平均排队队长：

$$g_i(i) = \frac{N\lambda C}{1 - N\rho} \tag{3.22}$$

式中 $C = G_i(z_1, z_2, \cdots, z_N)|_{z_1, z_2, \cdots, z_N = 0}$。

单一门限服务平均排队队长：

$$g_i(i) = \frac{N\lambda \gamma}{1 - N\rho} \tag{3.23}$$

2. 平均查询周期的比较

改进后模型平均查询周期：

$$E(\theta) = \frac{N\rho C}{1 - N\rho} \tag{3.24}$$

式中 $C = G_i(z_1, z_2, \cdots, z_N)|_{z_1, z_2, \cdots, z_N = 0}$。

单一门限服务平均查询周期：

$$g_i(i) = \frac{N\gamma}{1 - N\rho} \tag{3.25}$$

3. 平均等待时间的比较

改进后模型平均等待时间：

$$E(W_G) = \frac{1}{2}\left\{ (N-1)\rho + \frac{[1-(N-1)\rho]A'(1)}{\lambda^2} \right.$$
$$\left. + \frac{1}{1-N\rho}[N(N-1)\rho^2 + \lambda B'(1)] + \frac{1}{1-N\lambda\beta}[1-(N-1)\rho]\beta A''(1) \right\}$$

$$(3.26)$$

单一门限服务平均等待时间：

$$E(W_G) = \frac{1}{2}\left\{ \frac{R'(1)}{\gamma} + \frac{1}{1-N\rho}\left[(N-1)\gamma + (N-1)\rho + 2N\gamma\rho \right. \right.$$
$$\left. \left. + N\lambda B''(1) + \frac{(1+\rho-N\rho)A''(1)}{\lambda^2} \right] \right\}$$

$$(3.27)$$

表 3.10~ 表 3.12 分别为改进后模型与单一门限服务在完全相同的运行条件下的平均排队队长、平均查询周期和平均等待时间三项性能指标随系统负载变化的理论值与仿真值的数据统计。图 3.11 ~ 图 3.13 分别为改进后模型与单一门限服务在完全相同的运行条件下系统的平均排队队长、平均查询周期和平均等待时间三项性能指标与系统负载的关系。

表 3.10 平均排队队长理论值与仿真值 ($N = 20, \beta = 2$)

$N\lambda$	改进后模型 理论值	改进后模型 仿真值	单一门限服务 理论值	单一门限服务 仿真值
0.008	0.00024	0.00025	0.0081	0.0081
0.016	0.00050	0.00054	0.0165	0.0165
0.024	0.00076	0.00079	0.0252	0.0253
0.032	0.0010	0.0010	0.0342	0.0342
0.040	0.0013	0.0014	0.0435	0.0434
0.048	0.0016	0.0016	0.0531	0.0532
0.056	0.0019	0.0020	0.0631	0.0629
0.064	0.0022	0.0022	0.0734	0.0735
0.072	0.0025	0.0026	0.0841	0.0840
0.080	0.0029	0.0029	0.0952	0.0955
0.088	0.0032	0.0032	0.1068	0.1063
0.096	0.0036	0.0036	0.1188	0.1186
0.104	0.0039	0.0039	0.1313	0.1310
0.112	0.0043	0.0044	0.1443	0.1440
0.120	0.0047	0.0047	0.1579	0.1574
0.128	0.0052	0.0052	0.1720	0.1716
0.144	0.0061	0.0060	0.2022	0.2019
0.246	0.0145	0.0143	0.4843	0.4841

$N\lambda$	改进后模型理论值	改进后模型仿真值	单一门限服务理论值	单一门限服务仿真值
0.318	0.0262	0.0261	0.8736	0.8734
0.384	0.0497	0.0495	1.6552	1.6550
0.408	0.0665	0.0661	2.2174	2.2170
0.432	0.0953	0.0950	3.1765	3.1760

表 3.11　平均查询周期论值与仿真值 $(N=20, \beta=2)$

$N\lambda$	改进后模型理论值	改进后模型仿真值	单一门限服务理论值	单一门限服务仿真值
0.008	0.00049	0.00051	20.3252	20.3250
0.016	0.0010	0.0011	20.6612	20.6615
0.024	0.0015	0.0016	21.0084	21.0096
0.032	0.0021	0.0021	21.3675	21.3682
0.040	0.0026	0.0028	21.7391	21.7386
0.048	0.0032	0.0033	22.1239	22.1247
0.056	0.0038	0.0039	22.5225	22.5215
0.064	0.0044	0.0044	22.9358	22.9361
0.072	0.0050	0.0052	23.3645	23.3649
0.080	0.0057	0.0057	23.8095	23.8107
0.088	0.0064	0.0064	24.2718	24.2710
0.096	0.0071	0.0071	24.7525	24.7518
0.104	0.0079	0.0079	25.2525	25.2514
0.112	0.0087	0.0087	25.7732	25.7726
0.120	0.0095	0.0095	26.3158	26.3153
0.128	0.0103	0.0104	26.8817	26.8810
0.144	0.0121	0.0120	28.0899	28.0895
0.246	0.0291	0.0291	39.3701	39.3699
0.318	0.0524	0.0522	54.9451	54.9447
0.384	0.0993	0.0992	86.2069	86.2054
0.408	0.1330	0.1328	108.6957	108.6945
0.432	0.1906	0.1903	147.0588	147.0576

表 3.12　平均等待时间理论值与仿真值 $(N=20, \beta=2)$

$N\lambda$	改进后模型理论值	改进后模型仿真值	单一门限服务理论值	单一门限服务仿真值
0.008	0.5163	0.5457	9.6870	9.6837
0.016	0.5331	0.5586	9.8802	9.8809
0.024	0.5504	0.5673	10.0798	10.0805
0.032	0.5684	0.5719	10.2863	10.2861

续表

$N\lambda$	改进后模型理论值	改进后模型仿真值	单一门限服务理论值	单一门限服务仿真值
0.040	0.5870	0.5927	10.5000	10.5016
0.048	0.6062	0.6118	10.7212	10.7223
0.056	0.6261	0.6428	10.9505	10.9485
0.064	0.6468	0.6534	11.1881	11.1894
0.072	0.6682	0.6617	11.4346	11.4354
0.080	0.6905	0.6771	11.6905	11.6892
0.088	0.7136	0.6908	11.9563	11.9548
0.096	0.7376	0.7040	12.2327	12.2316
0.104	0.7626	0.7365	12.5202	12.5197
0.112	0.7887	0.7579	12.8196	12.8189
0.120	0.8158	0.7782	13.1316	13.1305
0.128	0.8441	0.7961	13.4570	13.4561
0.144	0.9045	0.9039	14.1517	14.1524
0.246	1.4685	1.4679	20.6378	20.6367
0.318	2.2473	2.2462	29.5934	29.5929
0.384	3.8103	3.8047	47.5690	47.5679
0.408	4.9348	4.9263	60.5000	60.4989
0.432	6.8529	6.8413	82.5588	82.5588

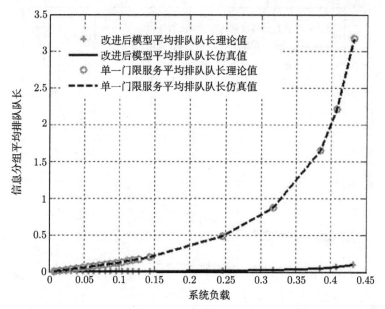

图 3.11　改进后模型与单一门限服务平均排队队长与系统负载的关系 $(N=20, \beta=2)$

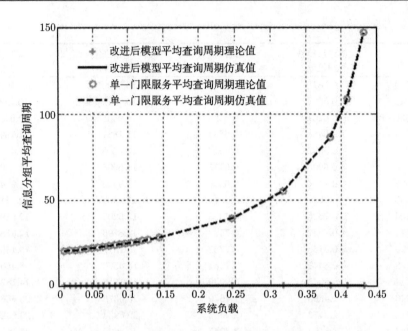

图 3.12　改进后模型与单一门限服务平均查询周期与系统负载的
关系 $(N = 20, \beta = 2)$

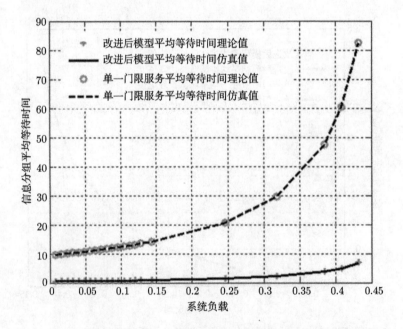

图 3.13　改进后模型与单一门限服务平均等待时间与系统负载的
关系 $(N = 20, \beta = 2)$

由表 3.10 和图 3.11 可知，在相同的运行条件下，改进后模型的平均排队队长比单一门限服务的平均排队队长在数值上要小很多，数值变化趋势也很小很平缓，说明改进后模型各节点可以被很好地服务，其服务质量得到了很好的保证，系统很稳定。

由表 3.11 和图 3.12 可知，在整个系统各个参量均相同的情况下，改进后模型的平均查询周期比单一门限服务的平均查询周期在数值上也是小很多，即便是随着系统负载的不断加大，平均查询周期的这一特点也还是保持得很好，两种模型平均查询周期的差值很好地说明了改进后模型的优越性。

由表 3.12 和图 3.13 可知，在系统内节点个数、系统负载、服务时间以及到达率都相同的情况下，改进后模型的平均等待时间比单一门限服务的平均等待时间都要小而且相差明显，并一直维持相对平缓的变化趋势。这一点充分说明了系统在时延特性上的优越性，保证了信息分组的服务质量，提高了系统效率。

第二节　区分忙/闲节点的无线传感器网络轮询控制机制研究

无线传感器网络是一种面向应用的无线网络，在实际应用中具体情况的多变性使得传感器网络的类型多样，不尽相同，不同的应用场景对传感器网络也有不尽相同的要求。在常见的情况下，网络流量有很大的随机性和空间时间的平衡性，通常传感器网络中的节点多数时间是处于空闲状态，并没有数据传输的需求；另外，这一类应用的传感器节点通常采用的是电池供电，而且有些传感器的分布区域是平时无法触及的，如此一来，如果节点不能及时得到后续的能量补给，那么节点便会面临死亡，导致该片区域不能有效地被监测到，这就要求 MAC 协议首先考虑如何节能。而常用的基于轮询调度的 MAC 协议主要考虑系统内所有节点都被周期查询的情况，但并不是所有的节点都有数据传送需求，从而对空闲节点的查询将会影响整个网络的能源消耗。在无线传感器网络中，有些数据的传输是为了对环境能有实时性的调整，比如内部环境的温度、湿度或者光照等是否适宜，而有些数据的传输又要求一定要具有实时性，很明显的一个例子就是场所内的防火要求，这样在传感器的监测中数据传输的时延也是需要考虑的一个重要因素。因此对于所提出的区分忙/闲环的并行调度轮询系统，在对原帧分析的基础上进行改进，主要针对无线传感器网络的高效性和节能性来研究和分析一种新的基于轮询的无线传感器网络调度机制。

无线传感器网络 MAC 子层的帧包含：帧头（MAC header, MHR）、MAC 负载和帧尾（MAC footer, MFR）。帧头由帧控制信息（frame control）、帧序列号

（sequence number）和地址信息（addressing fields）组成。MAC 帧控制域格式如图 3.14 所示。

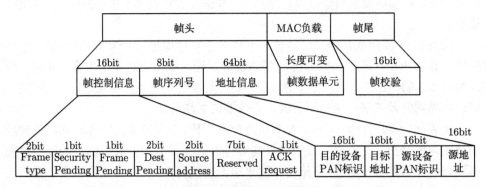

图 3.14　MAC 帧控制域格式

　　无线传感器网络的应用已经非常广泛，主要观测的参数包括环境温度、湿度、光照、气压以及烟雾浓度等，来判断现场的各项环境指标是否适宜同时做好各项安全指标预测。在实际应用中，无线传感器网络的大量节点有相当一部分是不需要持续传送其数据信息而处于空闲侦听状态的，对这些空闲节点的查询造成了相当一部分的能量消耗。无线传感器网络拥有高密集节点、数量巨大，通常情况下不需要全部节点同时处于高耗能的工作状态。节点密集的覆盖冗余造成大量冗余数据，对冗余数据进行传输不仅会增加其自身能耗，同时也会增加其他中继节点的能耗。为了提高系统效率和能量有效性以更好地节约能量，从而使其在应用于传感器网络环境中时能节省系统中转换查询时间所产生的能量控制开销，同时又兼顾一些特殊的数据传输对实时性的要求。根据研究需要我们先对原帧进行改进，将控制域的控制帧的保留位用来定义节点所处的忙/闲环状态和有无服务需求的标识，使得改进后的模型协议在提高节点的能量有效性的同时又能很好地降低节点内数据传输的等待时间。

一、帧的设计

　　基于原帧的特点重新设计无线传感器网络系统中的帧控制域格式，改进的 MAC 帧控制域格式如图 3.15 所示，建议将 7 位保留位其中的 4 位作为 B/I address 字段分别设置为节点所处的忙/闲环状态 State 和有无服务需求的标识 Flag：

State=0，标识该节点所处的忙/闲环状态为 0，表示该节点处于闲环系统队列；

State=1，标识该节点所处的忙/闲环状态为 1，表示该节点处于忙环系统队列；

Flag=0，标识该节点有无服务需求的标识为 0，表示该节点无服务需求；

Flag=1，标识该节点有无服务需求的标识为 1，表示该节点有服务需求。

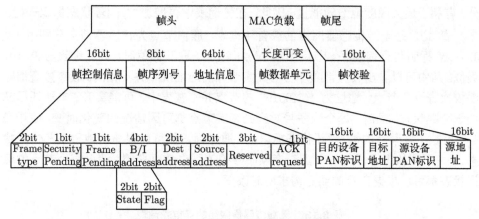

图 3.15　改进的 MAC 帧控制域格式

二、接入控制过程描述

无线传感器网络通常是以分簇方式把动态自组织的网络变为相对固定的簇结构,同时在簇内采用由簇首依此轮询各成员节点的方式来传输数据。在此网络中,成员节点担任着数据采集和动作执行的角色,在负责采集现场信息（环境温度、湿度、光照、气压及烟雾浓度等）的同时还要对各项参数指标进行控制,在成员节点将获取到的信息传输给簇首之后,簇首节点根据接收到的信息来判断现场情况,然后发布一些相应命令给成员节点。区分忙/闲环周期查询控制,通过在簇首节点建立轮询表的方式来记录所要轮询的节点。在簇首节点进行查询时仅对有服务需求的节点进行查询,为其提供信道使用权,即对忙环内的节点进行查询服务;而对于无服务需求的空闲节点则采用捎带的方式进行查询,即对闲环内的节点进行捎带查询,这样闲环内的传感器节点便可以在未被查询时进入低功耗状态,从而实现节能的目的。

1. 轮询表的建立过程及描述

簇首节点发送广播信息,通过各成员节点的反馈建立轮询表来记录所要轮询的节点。轮询表反映轮询节点的查询顺序号与真实节点地址的对应关系。在无线传感器网络中,当节点离开所在簇、电池耗尽或处于休眠状态时,此节点便从轮询表中删除,其顺序号将被分配给后面的节点,而后面节点的顺序将依次向前补充,轮询表的维护记录了簇内节点的动态变化和节点的业务情况。

节点数量庞大是无线传感器网络部署的一个显著特征,而传感器节点中的主要观测参数 (温度、湿度、光照、气压、烟雾浓度等) 有相当一部分不是常变的,这就使得大量传感器节点中有相当一部分的节点由于不需要持续传送其数据信息而处于空闲状态。通过区分忙/闲环的策略来区分节点的状态从而实现对其服务的区分,有利于最大限度地节约能量。因此,在轮询表中再增加忙/闲环状态标识一栏。

表 3.13 是无线传感器网络的簇首轮询表,簇内节点为传感器节点分别用 1,2,3,···,N 标明其查询顺序。节点个数 N 为 20,N 取其他值时,其轮询表与表 3.13 类似。从中可以看出其查询顺序号与真实节点的地址次序并不相同。簇首按查询顺序依次查询各节点,地址为 "0X0019" 的节点并不在表中,可能离开、电池耗尽或处于睡眠状态。同时,每个顺序号对应的真实节点都可因情况的变化而变。表中第 3 栏反映了各节点的忙/闲环状态标识值,通过标识值可以很清晰地看出其忙闲状态。忙/闲环状态标识值与节点查询顺序号的关系也是可变的,簇内每个节点的标识状态都可以根据自身的业务需求随时改变。

表 3.13　　无线传感器网络的簇首轮询表

查询顺序号	节点地址	忙/闲环状态标识值
1	0X0002	1
2	0X0005	0
3	0X0007	1
4	0X0012	0
5	0X0010	0
6	0X0003	1
7	0X0016	1
8	0X0014	0
9	0X0001	1
10	0X0018	0
11	0X0015	0
12	0X0020	1
13	0X0013	0
14	0X0006	1
15	0X0009	0
16	0X0017	1
17	0X0004	0
18	0X0008	0
19	0X0011	1
20	0X0021	0

2. 调度过程说明

簇内区分忙/闲环控制流程图如图 3.16 所示。

在分簇的基础上,网络组建之初将通过簇首节点发广播信息接收各成员节点请求加入网络的反馈来建立轮询表。网络组建完成后,簇首采用所提出的改进 MAC 帧对轮询列表中的节点开始进行查询,查询根据轮询表中的查询顺序依次进行。当被查询到的节点在收到查询帧后,就可以发送自己的 B/I address 帧,在 B/I address

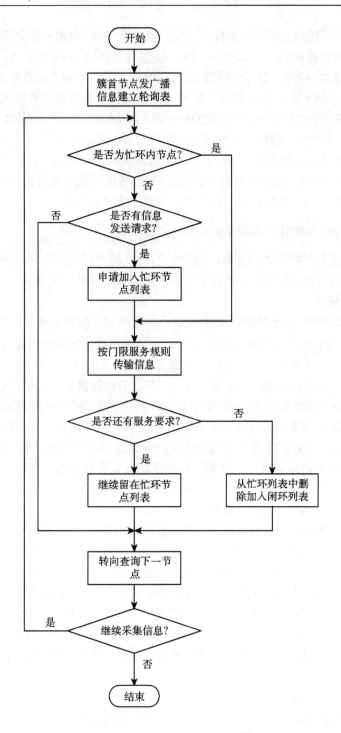

图 3.16 簇内区分忙/闲环控制流程图

帧中有节点当前的忙/闲环状态标识 State 值并在 Flag 中捎带其是否有服务需求的信号。簇首在接收到 B/I address 帧后，核实该节点的 State 帧为 1，则判其为忙环内节点，继而对其按门限服务规则进行信息的传输，传输完成后根据其 Flag 帧的信息决定其接下来的忙闲状态，若 Flag 为 1，表示有信息服务需求则继续留在忙环列表，若 Flag 为 0，表示无信息服务需求则从忙环列表中删除加入闲环列表；若检查 State 帧为 0，则判定该节点为闲环内节点，进而判定其 Flag 帧的信息，若 Flag 为 1，表示有信息服务需求，于是离开闲环加入忙环列表并对其按门限服务规则进行信息的传输，若 Flag 为 0，表示无信息服务需求则继续留在闲环列表。只要有采集信息的需求，便如此对轮询表中的节点依次轮询服务。

三、 区分忙/闲环的并行调度轮询控制的调度机制

基于上述章节的描述和分析，将区分忙/闲环的并行调度轮询系统的调度机制应用到无线传感器网络中，结果显示改进的模型有很好的节能效果。

1. 协议模型

系统模型如图 3.17 所示，系统中有一个服务器（簇首节点）和 N 个成员节点。N 个成员节点自动地动态划分为一个忙环子系统（即系统内为有服务请求的节点）和一个闲环子系统（即系统内为没有服务请求的节点）。$\lambda_i(i=1,2,\cdots,N)$ 作为各成员节点信息分组的到达率，进入 i 节点的存储器里面，其到达过程服从泊松分布，概率母函数为 $A_i(z)$，均值为 $\lambda_i = A_i'(1)$，方差为 $\sigma_\lambda^2 = A_i''(1) + \lambda_i - \lambda_i^2$。簇首节点按顺序查询系统内各成员节点，在 t_n 时刻，忙环内的节点获得信道的发送权，所有节点内的数据信息分组都按完全服务的规则进行传输，即只发送 t_n 时刻之前到达的数据信息分组，t_n 时刻之后到达的数据信息分组将留在下一次查询服务进行传送。节点存储器内所有数据传输所需的服务时间都服从独立同分布的概率分布，概率母函数为 $B_i(z)$，均值为 $\beta_i = B_i'(1)$，方差为 $\sigma_\beta^2 = B_i''(1) + \beta_i - \beta_i^2$。当一个节点的传输服务结束后若再没有服务需求则将离开忙环，加入闲环子系统，而一旦闲环子系统中某个节点有待传送的信息，则该节点即可发送服务请求加入忙环子系统，像这样依次轮询传感器网络内所有节点。同时，本模型采用的是并行调度的策略，即在服务当前节点 i 的同时还要查询下一节点，如果下一节点为闲环内且无服务需求的节点，便继续查询下一节点，直到查询到有服务需求的节点 $i+1$，则在服务完当前节点 i 后便直接转向服务查询到的 $i+1$ 节点。这样，系统一直处于数据信息发送状态，而单独的查询转换过程的时间便被节省了。

2. 变量定义

建立模型，定义变量如下：

$\xi_i(n)$：成员节点 $i(i=1,2,\cdots,N)$ 在 t_n 时刻缓存器中的信息分组数；

$v_i(n)$：簇首对成员节点按门限服务规则对数据信息进行传输的服务时间；

$\eta_j(v_i)$：在 $v_i(n)$ 内进入第 j 号成员节点的信息分组数，其中 $j = 1, 2, \cdots, N$。

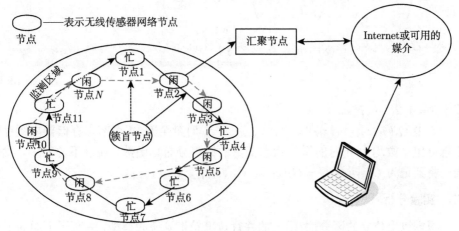

图 3.17　系统模型

3. 数学分析

在 t_n、t_n^* 和 t_{n+1} 时刻，整个系统的状态可分别用下述变量来描述：$\{\xi_1(n),$ $\xi_2(n), \cdots, \xi_N(n)\}$，$\{\xi_1(n^*), \xi_2(n^*), \cdots, \xi_N(n^*)\}$ 和 $\{\xi_1(n+1), \xi_2(n+1), \cdots, \xi_N(n+1)\}$。可用 Markov 链来描述该系统，该 Markov 链是非周期且各态历经的。

上述网络轮询系统在 $\sum\limits_{i=1}^{N} \lambda_i \beta_i = N\rho_i < 1$ 的前提条件下达到稳态（其中 $\rho_i = \lambda_i \beta_i$, $i = 1, 2, \cdots, N$），其概率母函数可定义如下：

$$\lim_{n\to\infty} p[\xi_i(n) = x_i; i = 1, 2, 3, \cdots, N] = \pi_i(x_1, x_2, \cdots, x_i, \cdots, x_N)$$

$\pi_i(x_1, x_2, \cdots, x_i, \cdots, x_N)$ 的概率母函数可作如下定义：

$$G_i(z_1, z_2, \cdots, z_i, \cdots, z_N)$$
$$= \sum_{x_1=0}^{\infty} \sum_{x_2=0}^{\infty} \cdots \sum_{x_i=0}^{\infty} \cdots \sum_{x_N=0}^{\infty} \pi_i(x_1, x_2, \cdots, x_i, \cdots, x_N) \cdot z_1^{x_1} z_2^{x_2} \cdots z_i^{x_i} \cdots z_N^{x_N} \quad (3.28)$$

其中 $i = 1, 2, \cdots, N$。

系统状态变量的概率母函数为

$$G_{i+1}(z_1, z_2, \cdots, z_N)$$
$$= \lim_{t\to\infty} E\left[\prod_{j=1}^{N} z_j^{\xi_j(n+1)}\right]$$

$$= G_i \left(z_1, z_2, \cdots, B_i \left(\prod_{j=1}^N A_j(z_j) \right), z_{i+1}, \cdots, z_N \right)$$

$$- G_i(z_1, z_2, \cdots, z_N)|_{z_1, z_2, \cdots, z_N = 0} + \prod_{j=1}^N A_j(z_j) G_i(z_1, z_2, \cdots, z_N)|_{z_1, z_2, \cdots, z_N = 0}$$

$$(3.29)$$

其中 $i = 1, 2, \cdots, N$。

式中 $G_i(z_1, z_2, \cdots, z_N)|_{z_1, z_2, \cdots, z_N = 0}$ 为 t_n 时刻全部 N 个节点存储器内缓存的信息分组个数均为 0 时的系统状态变量的概率分布母函数，在以下内容中，我们统一将其记为 C，即令 $C = G_i(z_1, z_2, \cdots, z_N)|_{z_1, z_2, \cdots, z_N = 0}$。

四、实验分析

根据以上建立的区分忙/闲环的并行调度轮询系统的模型，并基于下面的工作条件开发了仿真实验平台，在处理器为 Intel Core i3@3.3GHz，操作系统为 Windows 7 旗舰版的台式计算机上利用 MATLAB 7.0 对其进行仿真实验。区分忙/闲环的并行调度系统参数如表 3.14 进行设置。

表 3.14　系统参数

名称	取值	名称	取值
信道速率	10Mbit/s	时隙	10μs
信息分组长度	50bit	β	2 个时隙
仿真次数	1000000		

系统内各个节点的参数都服从同分布且对称；

所有时间均以时隙为单位，系统时隙宽度取值为 10μs；

节点内任意两个数据分组之间到达的时间间隔服从负指数分布；

系统的稳定条件为 $\sum\limits_{i=1}^N \lambda_i \beta_i = N\rho_i < 1$。

1. 节点内缓存的平均数据信息分组数

通过计算可以得到成员节点内缓存的平均数据信息分组数为

$$g_i(i) = \frac{N\lambda C}{1 - N\rho} \tag{3.30}$$

表 3.15 是改进后模型和改进前模型的平均信息分组数理论值与仿真值，从表中数值可以看出，理论计算和实验仿真结果有很好的一致性，证明了理论分析的正确性。

图 3.18 ~ 图 3.20 分别是平均信息分组数与传感器网络系统的到达率、成员节点个数和系统负载的关系。明显地，随着到达率、成员节点个数和系统负载的不

断增大,改进后模型成员节点内平均信息分组数远少于改进前模型,说明模型改进后,进入成员的数据信息都得到了及时的服务,因此区分忙/闲环的并行调度轮询控制机制的效率比原模型高,很好地优化了系统的性能。

表 3.15　平均信息分组数 $(\lambda = 0.0036, \beta = 2)$

N	改进后模型理论值	改进后模型仿真值	改进前模型理论值	改进前模型仿真值
5	0.00056	0.00071	0.0187	0.0186
10	0.0012	0.0012	0.0388	0.0386
15	0.0018	0.0018	0.0605	0.0605
20	0.0025	0.0026	0.0841	0.0830
25	0.0033	0.0033	0.1098	0.1096
30	0.0041	0.0039	0.1378	0.1376
35	0.0051	0.0048	0.1684	0.1681
40	0.0061	0.0060	0.2022	0.2021
45	0.0072	0.0070	0.2396	0.2393

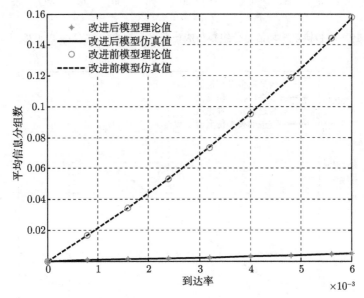

图 3.18　两种协议平均信息分组数与到达率的关系 $(\lambda = 0.0036, \beta = 2)$

2. 平均查询周期

通过计算可以得到成员节点平均查询周期为

$$E(\theta) = \frac{N\rho C}{1 - N\rho} \tag{3.31}$$

表 3.16 是改进后模型和改进前模型的平均查询周期理论值与仿真值,从表中数值可以看出,理论计算和实验仿真结果有很好的一致性,证明了理论分析的正确性。

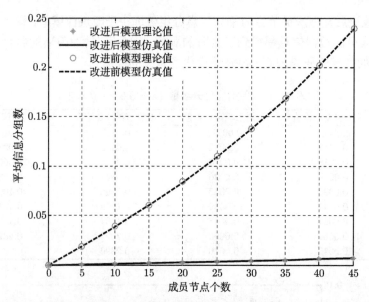

图 3.19 两种协议平均信息分组数与成员节点个数的关系 ($\lambda = 0.0036, \beta = 2$)

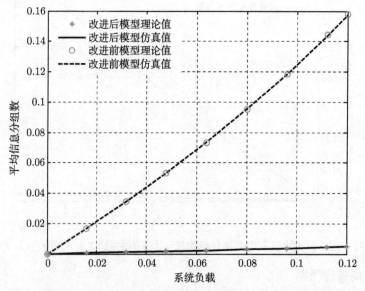

图 3.20 两种协议平均信息分组数与系统负载的关系 ($\lambda = 0.0036, \beta = 2$)

图 3.21 ~ 图 3.23 分别是平均查询周期与传感器网络系统的到达率、成员节点个数和系统负载的关系。从图中可以明显看出，随着到达率、成员节点个数和系统负载的不断增大，改进后模型的成员节点平均查询周期总是比改进前模型的平均查询周期小，且从图中可以看出改进前模型的平均查询周期要远大于改进后模型

的平均查询周期，这充分说明区分忙/闲环的并行调度轮询控制机制在轮询控制过程中对查询顺序和服务策略的改变，使系统的性能得到了很好的优化。

表 3.16　平均查询周期 $(\lambda = 0.0036, \beta = 2)$

N	改进后模型理论值	改进后模型仿真值	改进前模型理论值	改进前模型仿真值
5	0.0011	0.0012	5.1867	5.1866
10	0.0023	0.0023	10.7759	10.7757
15	0.0036	0.0036	16.8161	16.8161
20	0.0050	0.0052	23.3645	23.3642
25	0.0066	0.0065	30.4878	30.4875
30	0.0083	0.0080	38.2653	38.2649
35	0.0101	0.0097	46.7914	46.7910
40	0.0121	0.0119	56.1798	56.1795
45	0.0144	0.0141	66.5680	66.5674

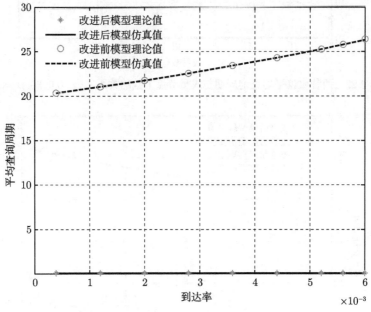

图 3.21　两种协议平均查询周期与到达率的关系 $(\lambda = 0.0036, \beta = 2)$

3. 平均等待时间

通过计算分析可以得到成员节点平均等待时间为

$$E(W_G) = \frac{1}{2}\left\{ (N-1)\rho + \frac{[1-(N-1)\rho]A'(1)}{\lambda^2} \right.$$

$$+\frac{1}{1-N\rho}[N(N-1)\rho^2+\lambda B'(1)]+\frac{1}{1-N\lambda\beta}[1-(N-1)\rho]\beta A''(1)\Big\}$$

$$(3.32)$$

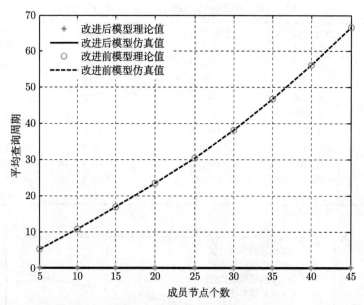

图 3.22　两种协议平均查询周期与成员节点个数的关系 $(\lambda=0.0036,\beta=2)$

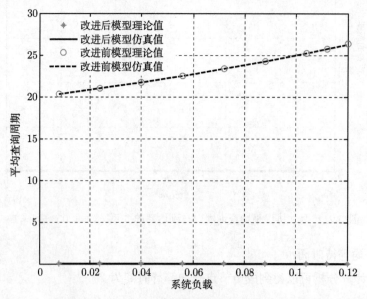

图 3.23　两种协议平均查询周期与系统负载的关系 $(\lambda=0.0036,\beta=2)$

表 3.17 是改进后模型和改进前模型的平均等待时间理论值与仿真值，从表中数值可以看出，理论计算和实验仿真结果有很好的一致性，证明了理论分析的正确性。

表 3.17   平均等待时间 $(\lambda = 0.0036, \beta = 2)$

N	改进后模型 理论值	改进后模型 仿真值	改进前模型 理论值	改进前模型 仿真值
5	0.5373	0.5322	2.1494	2.1465
10	0.5776	0.5718	5.0043	5.0097
15	0.6211	0.6405	8.0897	8.0803
20	0.6682	0.6617	11.4346	11.4315
25	0.7195	0.7331	15.0732	15.0694
30	0.7755	0.7996	19.0459	19.0412
35	0.8369	0.8533	23.4011	23.3986
40	0.9045	0.9259	28.1966	28.1928
45	0.9793	0.9964	33.5030	33.4890

图 3.24 ~ 图 3.26 分别是平均等待时间与传感器网络系统的到达率、成员节点个数和系统负载的关系。明显地，随着到达率、成员节点个数以及系统负载的不断增大，改进后模型的成员节点内缓存的信息分组的平均等待时间远小于改进前模型的信息分组的平均等待时间，这说明新的模型改变服务策略后，效率提高，在节能的同时提高了系统的性能，体现了改进后模型很好的优越性。

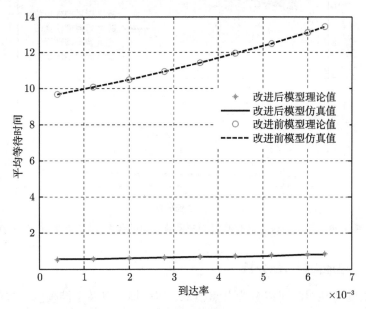

图 3.24   两种协议平均等待时间与到达率的关系 $(\lambda = 0.0036, \beta = 2)$

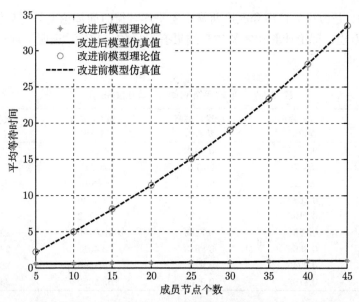

图 3.25   两种协议平均等待时间与成员节点个数的关系 ($\lambda = 0.0036, \beta = 2$)

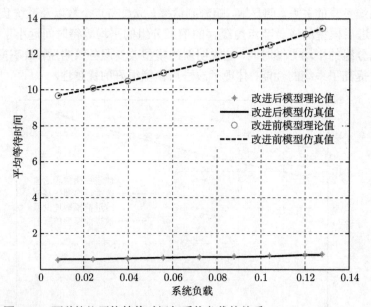

图 3.26   两种协议平均等待时间与系统负载的关系 ($\lambda = 0.0036, \beta = 2$)

五、 模型的电池损耗节能分析

WSN 的能耗模型可以分为节点模型、网络模型以及干涉模型，如图 3.27 所示。在此，主要讨论节点模型，即从单个节点的能耗来思量节点能量的损耗。

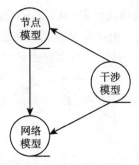

图 3.27　WSN 能耗模型

　　WSN 通常都是电池供电,节点量多和所处的环境位置等使得电池更换或者充电具有现实的不可行性,加之电池的容量有限,都使得能量成了 WSN 最宝贵的资源,节能便成为整个网络设计需要考虑的关键性问题之一。节点密集的覆盖冗余造成大量冗余数据,对冗余数据进行传输不仅会增加其自身能耗,同时也会增加其他中继节点的能耗。从图 3.27 可以比较明了地看出 WSN 中三种模型之间的关联关系。

　　在 WSN 中,与簇首节点相连的节点是处于工作状态的传感器节点,在簇首节点与簇内传感器节点之间的关联关系中可以看出,与簇首相连的传感器节点越多表示处于工作状态的传感器节点越多,从而系统能量耗费就越高。在高密节点的 WSN 中,节点会同时处在长期唤醒的工作状态下,单从节点冗余和数据碰撞率这两个方面来考虑必然会造成许多的额外能量损耗,所以采用系统内自动区分忙/闲环的方法来进行节点调度算法的设计,从而实现节点睡眠和唤醒状态的有效切换。改进前和改进后的簇首/节点关联示意图如图 3.28 和图 3.29 所示,图 3.29 中与簇首 CH 用实线相连的节点代表忙环中处于唤醒状态的节点,与簇首 CH 用虚线相连的节点代表闲环中处于睡眠状态的节点。从图中可以很直观地看出,改进

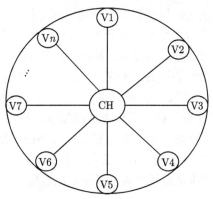

图 3.28　改进前簇首/节点关联示意图

后的传感器网络中，在不影响网络性能的前提下可以最大限度地让节点处于睡眠状态，各传感器节点轮询调度且根据自身数据的传送情况自动切换忙/闲状态（唤醒/睡眠），从而减少能量消耗，延长了网络寿命。

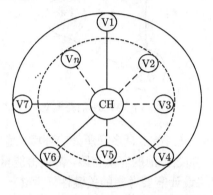

图 3.29　改进后簇首/节点关联示意图

本 章 小 结

　　本章首先提出了区分忙/闲环的并行调度轮询系统模型；其次对新的系统模型进行了精准的数学解析，推导出了系统平均排队队长、查询周期和等待时间的精确表达式；然后在计算机平台上通过 MATLAB 仿真软件做了系统的仿真实验，得到了系统的仿真图，并将系统的理论计算值与仿真结果作了对比，验证了理论分析的正确性；最后，将改进后模型和单一门限服务的平均排队队长、平均查询周期和平均等待时间这三个系统特性的理论计算与仿真实验结果分别进行了对比，通过比较充分说明改进后模型对系统性能的改进，体现了很好的优越性。

　　针对目前无线传感器网络控制模型的一些特点，结合区分忙/闲环的并行调度轮询系统模型，提出了在无线传感器网络中采用区分忙/闲环的并行调度轮询控制策略。在介绍原模型帧控制域结构的基础上，详细分析了原协议的不足之处，对原协议进行改进，重新修改帧控制域结构。按照改进后的协议建立了新的系统模型，精确解析了系统模型的数学表达式，并进行仿真实验，理论值与仿真值的基本一致证明了理论计算的正确性。同时，在同等条件下又将改进后模型与原模型的三个关键系统性能参数平均信息分组数、平均查询周期以及平均等待时间作了对比并进行了深入的分析，通过大量的仿真实验比较说明采用改进后的区分忙/闲环的并行调度轮询控制策略使系统的性能得到了很好的优化。最后又通过对模型的电池损耗节能分析，进一步说明改进后模型提升了系统的性能，在节能方面也表现出很好的优越性。

第四章　非对称完全轮询服务系统研究

一个经典的轮询系统由一个服务器和多个队列组成，服务器有权按照预定的顺序服务队列。设想一台机器或一个机器单元，它能处理各种各样的零件，零件从上游机器到达，并被保存在缓冲器中，直到机器提供服务，这种重复制造系统可以被模拟为一个轮询系统，一个具有不同客户类型的单服务器系统。轮询系统被认为是生产和制造系统、计算机和通信网络、交通运输系统和社会公共服务系统的性能评价的有效工具。轮询系统的控制结构包括队列的到达过程、队列间的转换查询过程和服务器的服务过程。

随着研究的不断深入以及应用的不断扩展，有关轮询系统的研究及应用也将会呈现前所未有的发展空间。而现今大多数对于轮询服务的研究都集中在对称性的轮询服务当中，对于非对称服务而言，任意时刻进入网络的数据信息量、服务时间和转移时间等参数都是随机可变的，因此其对应的性能分析具有相当大的复杂度，所以实质性突破相对较难。但非对称的服务能够更加灵活地运用于实际生活当中，由于在实际应用中，经常会有不同类信息或不同类节点，相应要求在同一种服务策略下，系统设置的参数需要满足不同类节点自身所需的要求，这就需要非对称的服务策略。

第一节　非对称完全轮询服务系统模型

多队列非对称完全服务轮询系统，由一个服务器和多个队列组成，其中多个队列均采用完全服务的策略进行工作。对于同在一个队列的所有数据信息量也是按照先到先服务 (FCFS) 的原则接受服务。当队列 $i(i = 1, 2, \cdots, N)$ 采用完全服务时，队列 i 不仅要发送队列中所有的数据信息量，而且还要发送在服务期间进入的数据信息量，直到队列为空时才停止发送，然后经过一个查询转换时间，服务器开始对下一队列进行服务，如图 4.1 所示，为非对称完全轮询服务系统的基本模型。

一、数学模型的构建

设定非对称服务的工作条件如下：

(1) 在任意时刻进入队列的数据信息量是独立同分布的泊松过程，其分布的

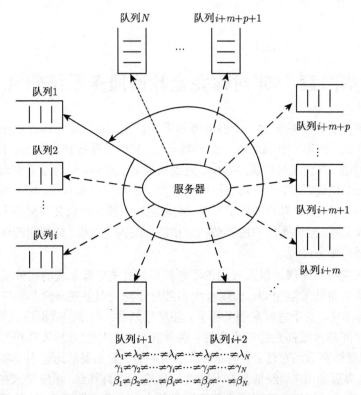

图 4.1   非对称完全轮询服务系统的基本模型

概率母函数、均值和方差分别为 $A_i(z_i)$，$\lambda_i = A_i'(1)$，$\delta_{\lambda_i}^2 = A_i''(1) + \lambda_i - \lambda_i^2$，其中 $i = 1, 2, \cdots, N$；

(2) 任意队列中每一个数据信息量接受的服务时间也是一个独立同分布的过程，其概率母函数、均值、方差分别为 $B_j(z_j)$，$\beta_j = \beta_j'(1)$，$\delta_{\beta_j}^2 = A_j'(1) + \beta_j - \beta_j^2$，其中 $j = 1, 2, \cdots, N$；

(3) 查询转换时间分布过程的概率母函数、均值和方差分别为 $R_k(z_k)$，$\gamma_k = A_k'(1)$，$\delta_{\gamma_k}^2 = A_k''(1) + \gamma_k - \gamma_k^2$，其中 $k = 1, 2, \cdots, N$；

(4) 假设任意一个队列的缓存容量是足够大的，每个数据信息量都可存储在其中，不会有数据信息量丢失的情况发生；

(5) 每个队列中的每个数据信息量遵照先到先服务 (FCFS) 的原则进行服务。

定义系统分析过程中的变量如下：

$u_i(n)$：第 i 队列发送完其所有的数据信息量之后，转向第 $i+1$ 队列所需的转换时间长度；

$v_i(n)$：第 i 队列发送完其中所包含的数据信息量所需的时间长度；

$\mu_j(u_i)$：在 $u_i(n)$ 这段时间内加入第 j 队列的所有数据信息量；

$\eta_j(v_i)$：在 $v_i(n)$ 这段时间内加入第 j 队列的所有数据信息量。

Markov 链在 $\displaystyle\sum_{i=1}^{N}\lambda_i\beta_i=\sum_{i=1}^{N}\rho_i<1$ 的条件下达到稳态，稳态下概率母函数为

$$\lim_{n\to\infty}p[\xi_i(n)=x_i;i=1,2,\cdots,N]=\pi_i(x_1,x_2,\cdots,x_i,\cdots,x_N)$$

$\pi_i(x_1,x_2,\cdots,x_i,\cdots,x_N)$ 的概率母函数定义为

$$G_i(z_1,z_2,\cdots,z_i,\cdots,z_N)$$
$$=\sum_{x_1=0}^{\infty}\sum_{x_2=0}^{\infty}\cdots\sum_{x_i=0}^{\infty}\cdots\sum_{x_N=0}^{\infty}\pi_i(x_1,x_2,\cdots,x_i,\cdots,x_N)\cdot z_1^{x_1}z_2^{x_2}\cdots z_i^{x_i}\cdots z_N^{x_N} \tag{4.1}$$

其中 $i=1,2,\cdots,N$。

轮询服务 $v_i(n)$ 时间后转移到 $i+1$ 号终端站所需时间长度为 $u_i(n)$，在 t_{n+1} 时刻轮询 $i+1$ 终端站，其存储器中的数据信息量为 $\xi_{i+1}(n+1)$，排队系统在 t_{n+1} 时刻的状态变量可表示为 $\{\xi_1(n),\xi_2(n),\cdots,\xi_N(n)\}$。则当服务器在 t_{n+1} 时刻开始对第 $i+1$ 号节点服务时，得到系统的状态方程 [17,18] 为

$$\begin{cases}\xi_j(n+1)=\xi_j(n)+\mu_j(u_i)+\eta_j(v_i)\\ \xi_i(n+1)=\mu_i(u_i)\end{cases}\qquad(i\neq j) \tag{4.2}$$

由式 (4.1) 和式 (4.2) 得到排队系统在 t_{n+1} 时刻的状态变量的概率母函数为

$$G_{i+1}(z_1,z_2,\cdots,z_i,\cdots z_N)$$
$$=\lim_{n\to\infty}E\left[\prod_{j=1}^{N}z_j^{\xi_j(n+1)}\right]=R\left[\prod_{j=1}^{N}A(z_j)\right]$$
$$\cdot G_i\left[z_1,z_2,\cdots,z_{i-1},B\left(\prod_{\substack{j=1\\i\neq j}}^{N}A(z_j)F\left(\prod_{\substack{j=1\\i\neq j}}^{N}A(z_j)\right)\right),z_{i+1},\cdots,z_N\right] \tag{4.3}$$

设定在 t_n 时刻第 i 队列发送数据信息量时，第 j 队列缓存区中平均存储的数据信息量为

$$g_i(j)=\lim_{z_1,z_2,\cdots,z_i,\cdots,z_N\to1}\frac{\partial G_i(z_1,z_2,\cdots,z_i,\cdots,z_N)}{\partial z_j} \tag{4.4}$$

计算得到第 i 队列在接受非对称完全服务时的平均排队队长为

$$g_i(i)=\frac{\lambda_i(1-\lambda_i\beta_i)\displaystyle\sum_{j=1}^{N}\gamma_j}{1-\displaystyle\sum_{j=1}^{N}\lambda_j\beta_j}\qquad(i=1,2,\cdots,N;j=1,2,\cdots,N) \tag{4.5}$$

　　循环周期由信息分组的服务时间以及服务器的轮询转换时间组成，根据理论计算可以得到循环查询周期的表达式为

$$T_{\theta_i} = E(\theta_i) = \frac{\displaystyle\sum_{i=1}^{N} \gamma_i}{1 - \displaystyle\sum_{i=1}^{N} \lambda_i \beta_i} \tag{4.6}$$

通过计算表达式的二阶特性，可得

$$
\begin{aligned}
g_{i+1}(j,j) = {} & \lambda_j^2 R_i''(1) + \gamma_i A_j''(1) + 2\lambda_j \gamma_i g_i(j) + \left[\frac{4\lambda_j^2 \beta_i \rho_i}{1-\rho_i} \right. \\
& + \frac{\beta_i(1-2\rho_i+2\rho_i^2)A_j''(1)}{(1-\rho_i)^3} + \frac{\lambda_j^2 \beta_i^3 A_i'(1)}{(1-\rho_i)^3} + \left. \frac{\lambda_j^2 B_i'(1)}{(1-\rho_i)^3} \right] g_i(i) \\
& + g_i(j,j) + \frac{2\lambda_j \beta_i}{1-\rho_i} g_i(j,i) + \frac{\lambda_j^2 \beta_i^2}{(1-\rho_i)^2} g_i(i,i)
\end{aligned}
\tag{4.7}
$$

$$g_{i+1}(j,i) = \lambda_i \lambda_j R_i''(1) + \lambda_i \lambda_j \gamma_i + \lambda_j \gamma_i g_i(j) + \frac{\lambda_j \gamma_i \rho_i}{1-\rho_i} g_i(i) \tag{4.8}$$

$$g_{i+1}(i,i) = \lambda_i^2 R_i''(1) + \gamma_i A_i''(1) \tag{4.9}$$

$$
\begin{aligned}
& g_j(k,j) + g_k(j,k) \\
= {} & \lambda_j \lambda_k \sum_{i=1}^{N} R_i'(1) + \lambda_j \lambda_k \sum_{i=1}^{N} \gamma_i + \lambda_j \sum_{\substack{i=1 \\ i \neq k}}^{N} \gamma_i g_i(k) + \lambda_k \sum_{\substack{i=1 \\ i \neq j}}^{N} \gamma_i g_i(j) \\
& + \lambda_j \lambda_k \sum_{\substack{i=1 \\ i \neq j \\ i \neq k}}^{N} \left[\frac{\beta_i}{1-\rho_i} + \frac{2\beta_i \gamma_i}{1-\rho_i} + \frac{2\beta_i \rho_i}{(1-\rho_i)^2} + \frac{\beta_i^3 A_i'(1)}{(1-\rho_i)^3} + \frac{B_i''(1)}{(1-\rho_i)^3} \right] g_i(i) \\
& + \frac{\lambda_k \rho_j \gamma_i}{1-\rho_i} g_j(j) + \frac{\lambda_j \rho_k \gamma_k}{1-\rho_i} g_k(k) + \lambda_j \sum_{\substack{i=1 \\ i \neq j \\ i \neq k}}^{N} \frac{\beta_i}{1-\rho_i} g_i(i,k) \\
& + \lambda_k \sum_{\substack{i=1 \\ i \neq j \\ i \neq k}}^{N} \frac{\beta_i}{1-\rho_i} g_i(j,i) + \lambda_j \lambda_k \sum_{\substack{i=1 \\ i \neq j \\ i \neq k}}^{N} \frac{\beta_i^2}{(1-\rho)^2} g_i(i,i)
\end{aligned}
\tag{4.10}
$$

$$
\begin{aligned}
g_j(j,j) = {} & \lambda_j^2 \sum_{i=1}^{N} R_i'(1) + \lambda_j^2 \sum_{i=1}^{N} \gamma_i + 2\lambda_j \sum_{\substack{i=1 \\ i \neq j}}^{N} \gamma_i g_i(j) + \lambda_j^2 \sum_{\substack{i=1 \\ i \neq j}}^{N} \left[\frac{2\beta_i \gamma_i}{1-\rho_i} \right. \\
& + \frac{2\beta_i \rho_i}{1-\rho_i} + \frac{\beta_i(1-2\rho_i+2\rho_i^2)}{(1-\rho_i)^3} + \frac{\beta_i^3 A_i'(1)}{(1-\rho_i)^3} + \left. \frac{B_i''(1)}{(1-\rho_i)^3} \right] g_i(i)
\end{aligned}
$$

$$+ 2\lambda_j \sum_{\substack{i=1 \\ i \neq j}}^{N} \frac{\beta_i}{1 - \rho_i} g_i(j, i) + \lambda_j^2 \sum_{\substack{i=1 \\ i \neq j}}^{N} \frac{\beta_i^2}{(1 - \rho_i)^2} g_i(i, i) \tag{4.11}$$

$$\left(1 - \sum_{i=1}^{N} \rho_i\right) \sum_{i=1}^{N} \frac{\beta_i}{\lambda_i(1 - \rho_i)} g_i(i, i)$$

$$= \sum_{i=1}^{N} \rho_i \sum_{i=1}^{N} R_i'(1) + \sum_{i=1}^{N} \rho_i \left[\left(\sum_{i=1}^{N} \gamma_i \right)^2 - \sum \gamma_i^2 \right] + \theta \left\{ \sum_{i=1}^{N} \rho_i \sum \frac{\lambda_i B_i''(1)}{1 - \rho_i} \right.$$

$$\left. - \sum_{i=1}^{N} \frac{\lambda_i \rho_i B_i''(1)}{1 - \rho_i} + \sum_{i=1}^{N} \gamma_i \left[\left(\sum_{i=1}^{N} \rho_i \right)^2 - \sum \rho_i^2 \right] + \sum_{i=1}^{N} \rho_i - \left(1 - \sum_{i=1}^{N} \rho_i \right) \frac{\rho_i^2}{1 - \rho_i} \right\} \tag{4.12}$$

根据循环查询周期的定义得到该随机变量的概率母函数为 $\theta_i(z_i)$，并有如下关系式：

$$\theta_i(A_i(z_i)) = G_i(1, \cdots, z_i, 1, \cdots, 1), \quad i = 1, 2, \cdots, N \tag{4.13}$$

对式 (4.13) 进行二阶求导，得到

$$\lambda_i^2 \theta_i''(1) + \theta A_i''(1) = g_i(i, i) \tag{4.14}$$

因为系统的二阶特性量有

$$\theta_i''(1) \approx \theta_j''(1) \tag{4.15}$$

根据式 (4.12) 和式 (4.15) 得到

$$g_i(i, i) = \frac{\lambda_i^2}{\sum\limits_{k=1}^{N} \frac{\rho_k}{1 - \rho_k}} \left[\sum_{k=1}^{N} \frac{\beta_k}{\lambda_k(1 - \rho_k)} g_k(k, k) - \theta \sum_{k=1}^{N} \frac{\beta_k A_i''(1)}{\lambda_k(1 - \rho_k)} \right] \tag{4.16}$$

　　根据式 (4.12) 并结合式 (4.16) 可以得到 $g_i(i, i)$ 的近似表达式。

　　数据信息量的平均等待时间是指数据信息量到达队列被发送出去所需的时间。根据上述计算得到的 $g_i(i, i)$ 近似表达式，分别代入下式即可求得平均等待时间的表达式：

$$E(w_i) = \frac{g_i(i, i)}{2\lambda_i g_i(i)} - \frac{(1 - 2\rho_i) A_i''(1)}{2\lambda_i^2(1 - \rho_i)} + \frac{\lambda_i B_i''(1)}{2(1 - \rho_i)} \tag{4.17}$$

二、仿真及实验分析

　　根据表 4.1～表 4.9 中理论值与实验值的比较，可以得到图 4.2 和图 4.3。

表 4.1　到达率增加，各队列平均排队队长、平均等待时间的理论值与实验值比较
$$\left(N = 3, \sum_{i=1}^{3} \rho_i = 0.05\right)$$

队列号	到达率 λ_i	服务时间 β_i	转换时间 γ_i	负载 ρ_i	$g_i(i)$		$\overline{W}_i$	
					理论值	实验值	理论值	实验值
1	0.005	1	1	0.005	0.0157	0.0154	1.0365	1.0362
2	0.015	1	1	0.015	0.0467	0.0466	1.0623	1.0620
3	0.030	1	1	0.030	0.0919	0.0920	1.1276	1.1266

表 4.2　到达率增加，各队列平均排队队长、平均等待时间的理论值与实验值比较
$$\left(N = 3, \sum_{i=1}^{3} \rho_i = 0.1\right)$$

队列号	到达率 λ_i	服务时间 β_i	转换时间 γ_i	负载 ρ_i	$g_i(i)$		$\overline{W}_i$	
					理论值	实验值	理论值	实验值
1	0.010	1	1	0.010	0.0330	0.0326	1.0786	1.0780
2	0.030	1	1	0.030	0.0970	0.0974	1.1317	1.1311
3	0.060	1	1	0.060	0.1880	0.1882	1.2689	1.2692

表 4.3　到达率增加，各队列平均排队队长、平均等待时间的理论值与实验值比较
$$\left(N = 3, \sum_{i=1}^{3} \rho_i = 0.15\right)$$

队列号	到达率 λ_i	服务时间 β_i	转换时间 γ_i	负载 ρ_i	$g_i(i)$		$\overline{W}_i$	
					理论值	实验值	理论值	实验值
1	0.015	1	1	0.015	0.0521	0.0521	1.1272	1.1266
2	0.045	1	1	0.045	0.1517	0.1516	1.2098	1.2095
3	0.090	1	1	0.090	0.2891	0.2890	1.4262	1.4264

表 4.4　到达率增加，各队列平均排队队长、平均等待时间的理论值与实验值比较
$$\left(N = 3, \sum_{i=1}^{3} \rho_i = 0.2\right)$$

队列号	到达率 λ_i	服务时间 β_i	转换时间 γ_i	负载 ρ_i	$g_i(i)$		$\overline{W}_i$	
					理论值	实验值	理论值	实验值
1	0.020	1	1	0.020	0.0735	0.0734	1.1838	1.1840
2	0.060	1	1	0.060	0.2115	0.2117	1.2980	1.2961
3	0.120	1	1	0.120	0.3960	0.3963	1.6024	1.6019

表 4.5　到达率增加，各队列平均排队队长、平均等待时间的理论值与实验值比较
$$\left(N = 3, \sum_{i=1}^{3} \rho_i = 0.25\right)$$

队列号	到达率 λ_i	服务时间 β_i	转换时间 γ_i	负载 ρ_i	$g_i(i)$		$\overline{W}_i$	
					理论值	实验值	理论值	实验值
1	0.025	1	1	0.025	0.0975	0.0980	1.2497	1.2483
2	0.075	1	1	0.075	0.2775	0.2770	1.3984	1.3966
3	0.150	1	1	0.150	0.5100	0.5103	1.8012	1.8026

表 4.6　到达率增加，各队列平均排队队长、平均等待时间的理论值与实验值比较
$$\left(N = 3, \sum_{i=1}^{3} \rho_i = 0.3\right)$$

队列号	到达率 λ_i	服务时间 β_i	转换时间 γ_i	负载 ρ_i	$g_i(i)$		$\overline{W}_i$	
					理论值	实验值	理论值	实验值
1	0.030	1	1	0.030	0.1247	0.1250	1.3272	1.3273
2	0.090	1	1	0.090	0.3510	0.3514	1.5137	1.5115
3	0.180	1	1	0.180	0.6326	0.6320	2.0274	2.0242

表 4.7　到达率增加，各队列平均排队队长、平均等待时间的理论值与实验值比较
$$\left(N = 3, \sum_{i=1}^{3} \rho_i = 0.35\right)$$

队列号	到达率 λ_i	服务时间 β_i	转换时间 γ_i	负载 ρ_i	$g_i(i)$		$\overline{W}_i$	
					理论值	实验值	理论值	实验值
1	0.035	1	1	0.035	0.1559	0.1554	1.4190	1.4178
2	0.105	1	1	0.105	0.4337	0.4339	1.6473	1.6439
3	0.210	1	1	0.210	0.7657	0.7654	2.2871	2.2865

表 4.8　到达率增加，各队列平均排队队长、平均等待时间的理论值与实验值比较
$$\left(N = 3, \sum_{i=1}^{3} \rho_i = 0.4\right)$$

队列号	到达率 λ_i	服务时间 β_i	转换时间 γ_i	负载 ρ_i	$g_i(i)$		$\overline{W}_i$	
					理论值	实验值	理论值	实验值
1	0.040	1	1	0.040	0.1920	0.1921	1.5286	1.5246
2	0.120	1	1	0.120	0.5280	0.5281	1.8039	1.8012
3	0.240	1	1	0.240	0.9120	0.9115	2.5888	2.5846

表 4.9   到达率增加，各队列平均排队队长、平均等待时间的理论值与实验值比较

$$\left(N = 3, \sum_{i=1}^{3} \rho_i = 0.45\right)$$

队列号	到达率 λ_i	服务时间 β_i	转换时间 γ_i	负载 ρ_i	$g_i(i)$ 理论值	实验值	$\overline{W}_i$ 理论值	实验值
1	0.045	1	1	0.045	0.2344	0.2345	1.6610	1.6615
2	0.135	1	1	0.135	0.6370	0.6366	1.9898	1.9873
3	0.270	1	1	0.270	1.0751	1.0748	2.9434	2.9387

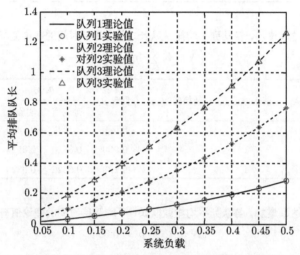

图 4.2   平均排队队长随系统负载的变化关系

$(\beta_i = 1, \gamma_i = 1, \lambda_1 : \lambda_2 : \lambda_3 = 1 : 3 : 6, i = 1, 2, 3)$

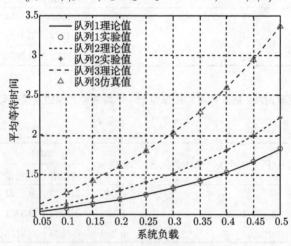

图 4.3   平均等待时间随系统负载的变化关系

$(\beta_i = 1, \gamma_i = 1, \lambda_1 : \lambda_2 : \lambda_3 = 1 : 3 : 6, i = 1, 2, 3)$

　　由表 4.10 中平均循环查询周期理论值与实验值比较, 可以得到图 4.4。

表 4.10　平均循环查询周期理论值与实验值比较 ($N = 5$)

负载 $\sum\limits_{i=1}^{5} \rho_i$	平均循环查询周期 θ	
	理论值	实验值
0.10	7.7778	7.7799
0.15	8.2353	8.2322
0.20	8.7500	8.7442
0.25	9.3333	9.3246
0.30	10.0000	10.0203
0.35	10.7692	10.7850
0.40	11.6667	11.6780
0.45	12.7273	12.7185
0.50	14.0000	13.9819
0.55	15.5556	15.5172
0.60	17.5000	17.4989
0.65	20.0000	19.9571
0.70	23.3333	23.2838
0.75	28.0000	27.8139
0.80	35.0000	35.0737

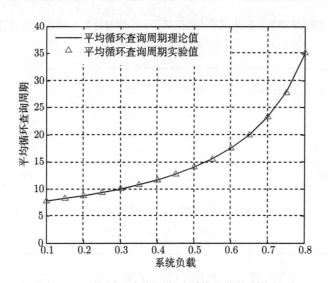

图 4.4　平均循环查询周期随系统负载的变化关系

　　根据表 4.11~表 4.18 中到达率增加, 各队列平均排队队长、等待时间的理论值与实验值比较, 得到其变化关系如图 4.5 和图 4.6 所示。

表 4.11   到达率增加, 各队列平均排队队长、平均等待时间的理论值与实验值比较

$$(N = 5, \sum_{i=1}^{5} \rho_i = 0.05)$$

队列号	到达率 λ_i	服务时间 β_i	转换时间 γ_i	负载 ρ_i	$g_i(i)$		$\overline{W}_i$	
					理论值	实验值	理论值	实验值
1	0.0025	4	2	0.010	0.0182	0.0184	3.2421	3.2468
2	0.0025	4	2	0.010	0.0182	0.0186	3.2421	3.2492
3	0.0050	3	1	0.015	0.0363	0.0368	3.2661	3.2611
4	0.0050	2	1	0.010	0.0365	0.0373	3.2320	3.2367
5	0.0050	1	1	0.005	0.0367	0.0368	3.2032	3.2096

表 4.12   到达率增加, 各队列平均排队队长、平均等待时间的理论值与实验值比较

$$(N = 5, \sum_{i=1}^{5} \rho_i = 0.1)$$

队列号	到达率 λ_i	服务时间 β_i	转换时间 γ_i	负载 ρ_i	$g_i(i)$		$\overline{W}_i$	
					理论值	实验值	理论值	实验值
1	0.005	4	2	0.020	0.0381	0.0389	3.5110	3.5217
2	0.005	4	2	0.020	0.0381	0.0390	3.5110	3.5109
3	0.010	3	1	0.030	0.0754	0.0806	3.5626	3.5715
4	0.010	2	1	0.020	0.0762	0.0784	3.4906	3.4997
5	0.010	1	1	0.010	0.0770	0.0778	3.4300	3.4385

表 4.13   到达率增加, 各队列平均排队队长、平均等待时间的理论值与实验值比较

$$(N = 5, \sum_{i=1}^{5} \rho_i = 0.15)$$

队列号	到达率 λ_i	服务时间 β_i	转换时间 γ_i	负载 ρ_i	$g_i(i)$		$\overline{W}_i$	
					理论值	实验值	理论值	实验值
1	0.0075	4	2	0.030	0.0599	0.0593	3.8114	3.8176
2	0.0075	4	2	0.030	0.0599	0.0595	3.8114	3.8013
3	0.0150	3	1	0.045	0.1180	0.1181	3.8948	3.9041
4	0.0150	2	1	0.030	0.1198	0.1196	3.7805	3.7881
5	0.0150	1	1	0.015	0.1217	0.1220	3.6848	3.6754

表 4.14   到达率增加, 各队列平均排队队长、平均等待时间的理论值与实验值比较

$$(N = 5, \sum_{i=1}^{5} \rho_i = 0.2)$$

队列号	到达率 λ_i	服务时间 β_i	转换时间 γ_i	负载 ρ_i	$g_i(i)$		$\overline{W}_i$	
					理论值	实验值	理论值	实验值
1	0.01	4	2	0.04	0.0840	0.0847	4.1493	4.1396
2	0.01	4	2	0.04	0.0840	0.0843	4.1493	4.1585
3	0.02	3	1	0.06	0.1645	0.1645	4.2695	4.2603
4	0.02	2	1	0.04	0.1680	0.1674	4.1077	4.1013
5	0.02	1	1	0.02	0.1715	0.1710	3.9728	3.9820

表 4.15　到达率增加, 各队列平均排队队长、平均等待时间的理论值与实验值比较

$$(N = 5, \sum_{i=1}^{5} \rho_i = 0.25)$$

队列号	到达率 λ_i	服务时间 β_i	转换时间 γ_i	负载 ρ_i	$g_i(i)$		$\overline{W}_i$	
					理论值	实验值	理论值	实验值
1	0.0125	4	2	0.050	0.1108	0.1108	4.5322	4.5126
2	0.0125	4	2	0.050	0.1108	0.1110	4.5322	4.5518
3	0.0250	3	1	0.075	0.2158	0.2156	4.6952	4.6995
4	0.0250	2	1	0.050	0.2217	0.2215	4.4796	4.4994
5	0.0250	1	1	0.025	0.2275	0.2278	4.3006	4.3112

表 4.16　到达率增加, 各队列平均排队队长、平均等待时间的理论值与实验值比较

$$(N = 5, \sum_{i=1}^{5} \rho_i = 0.3)$$

队列号	到达率 λ_i	服务时间 β_i	转换时间 γ_i	负载 ρ_i	$g_i(i)$		$\overline{W}_i$	
					理论值	实验值	理论值	实验值
1	0.015	4	2	0.06	0.1410	0.1412	4.9697	4.9628
2	0.015	4	2	0.06	0.1410	0.1408	4.9697	4.9594
3	0.030	3	1	0.09	0.2730	0.2732	5.1830	5.1899
4	0.030	2	1	0.06	0.2820	0.2825	4.9059	4.9163
5	0.030	1	1	0.03	0.2910	0.2915	4.6768	4.6884

表 4.17　到达率增加, 各队列平均排队队长、平均等待时间的理论值与实验值比较

$$(N = 5, \sum_{i=1}^{5} \rho_i = 0.35)$$

队列号	到达率 λ_i	服务时间 β_i	转换时间 γ_i	负载 ρ_i	$g_i(i)$		$\overline{W}_i$	
					理论值	实验值	理论值	实验值
1	0.0175	4	2	0.070	0.1753	0.1752	5.4743	5.4644
2	0.0175	4	2	0.070	0.1753	0.1751	5.4743	5.4797
3	0.0350	3	1	0.105	0.3373	0.3372	5.7471	5.7583
4	0.0350	2	1	0.070	0.3505	0.3509	5.3991	5.3778
5	0.0350	1	1	0.035	0.3637	0.3635	5.1126	5.1195

表 4.18　到达率增加, 各队列平均排队队长、平均等待时间的理论值与实验值比较

$$(N = 5, \sum_{i=1}^{5} \rho_i = 0.4)$$

队列号	到达率 λ_i	服务时间 β_i	转换时间 γ_i	负载 ρ_i	$g_i(i)$		$\overline{W}_i$	
					理论值	实验值	理论值	实验值
1	0.02	4	2	0.08	0.2147	0.2142	6.0630	6.0604
2	0.02	4	2	0.08	0.2147	0.2144	6.0630	6.0518
3	0.04	3	1	0.12	0.4107	0.4113	6.4068	6.4152
4	0.04	2	1	0.08	0.4293	0.4290	5.9760	5.9872
5	0.04	1	1	0.04	0.4480	0.4479	5.6229	5.6398

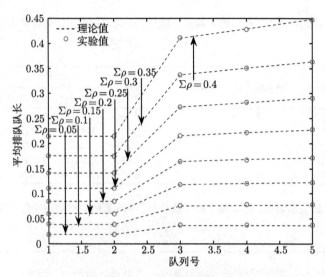

图 4.5   平均排队队长随负载的变化关系 ($N = 5$)

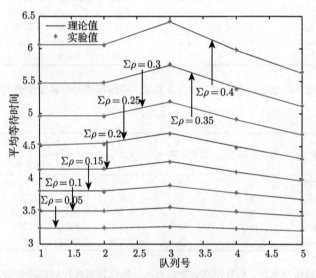

图 4.6   平均等待时间随负载的变化关系 ($N = 5$)

　　如图 4.2 和图 4.3 所示, 当系统的服务时间和查询转化时间保持不变, 系统的负载受到达率的影响而不断增加时, 系统的平均排队队长也会随之而变大, 从图中也可看出, 由于各队列到达率不同, 其对平均排队队长和平均等待时间产生的影响也是不相同的, 系统的到达率越大, 对两者产生的影响也越大。

　　图 4.4 展示了系统的平均循环查询周期随负载的变化关系, 从图中可以看出, 当系统的负载在持续不断地增加时, 系统的平均循环查询周期受到的影响会增大,

通过理论计算与仿真对比可以看出两者能够较好地进行拟合。

从图 4.5 和图 4.6 中可以看出，当选取统计循环次数足够大时，数据信息量的平均排队队长和平均等待时间的实验值与理论值结果保持一致，误差较小。对于同一系统而言，非对称完全服务受负载的影响是比较明显的，尤其是当负载变大时，平均排队队长会急剧变大。当然平均等待时间满足相同的规律，负载越大，系统中数据信息量所需等待服务时间也会不断变长。

第二节　两级优先级非对称轮询服务系统研究

轮询服务系统代表了一类调度控制的模型，因为拥有较好的公平性，所以它不仅可以让有限的资源得到有效分配，而且可以让资源得到共享。按服务方式的不同，轮询服务系统可以分为门限、完全以及限定三类。在三种基本的轮询服务模型的基础上，可以构成多种混合式区分优先级的轮询服务。有的研究者提出一种新型的两级优先级轮询系统，既保证了队列优先级的需求，又避免了空闲查询时造成的时间延迟，达到了提高系统的利用率、减少时延的效果。通过分析队列中在不区分优先级和区分优先级的情况下，对每一个队列提供门限服务或者是完全服务，并据此建立数学模型，然后对此模型的联合队列长度、循环周期、边际队列长度和时延等性能特点进行解析，验证区分优先级所带来的显著成效。对轮询系统区分优先级的主要目的是让轮询系统的性能得到显著的提升。在优先级轮询的应用方面，它可以用于蓝牙技术和 IEEE 802.11 无线局域网协议的研究或是用在 Web 服务器的路由器和 I/O 子系统中的调度策略。例如，保证服务质量 (QoS) 是 WLAN 协议中非常重要的问题，虽然延迟对响应或数据传输不会产生重大影响，如网页浏览或电子邮件流量，但是视频传输和无线局域网语音 (VoWLAN) 对延迟或数据丢失却非常敏感[19]。因此，IEEE 802.11e 引入了不同的优先级来区分类型之间的数据，提高流媒体业务的服务质量。优先级轮询模型也可以用来研究流量，比如在交通路口，交通流同时面对绿灯时的情况[20]。由此看出，对轮询系统进行优先级区分的研究有着重大的意义。

本节针对区分优先级的两级轮询服务进行研究，提出一种对称性轮询服务与非对称性轮询服务相结合的混合式服务模型。为了更好地适应实际应用的需求，非对称轮询服务的分析一直是研究的热点，但实质性突破相对较难。由于在实际应用中，节点内有自己相对独立的特性，需要与其他节点相比有不同的服务特点，此时各节点服务将不再具有对称性，这就需要非对称的服务策略。由于轮询系统中各队列之间是相互联系的，而且系统的概率分布特性非常复杂，所以在对多队列的非对称轮询系统进行解析时，展现出了它的困难度。如果采用对称与非对称相结合的混合模式，在对其性能进行解析的过程中显示出了其巨大的挑战性。同时，多队列的非对称轮询服务的二阶特性 (平均等待时间) 很难得到其数学解析式, 所以选择一种合理的方法去解析平均等待时间是研究非对称轮询服务最关键的一点。

一、 两级优先级非对称轮询数学模型

两级优先级非对称轮询系统的控制机制是根据一个服务器及 $N+1$ 个队列来构建的, $N+1$ 个队列中包括 N 个普通队列和一个中心队列, 分析过程中则用 h 来对中心队列进行代替。因为两级优先级非对称轮询系统是一种混合式轮询服务系统, 所以需要对中心队列和普通队列分别采用两种不同的轮询服务。在构建数学模型当中, 则是采用了完全的调度策略服务于中心队列, 而普通队列则采用了非对称的门限服务的方式。在服务的过程当中, 服务器优先对高优先级的中心队列进行发送服务, 直到中心队列所存在数据信息量为空时, 服务器会耗费一个查询转换时间切换到第 $i(i = 1, 2, \cdots, N)$ 个普通队列。普通队列的数据信息量完成发送之后, 服务器又会再一次转向中心队列, 对其进行完全服务, 在中心队列的发送服务完成之后, 第 $i+1$ 个普通队列将会得到服务。服务器采用两种混合式的轮询服务, 可以让中心队列获得更多的服务时间, 实现了中心队列与普通队列之间优先级的区分, 同时也保证了一般的业务能够得到普通队列的服务, 其服务模型的结构如图 4.7 所示。

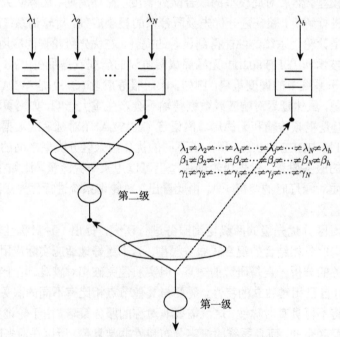

图 4.7　两级优先级非对称轮询服务模型

设定在 t_n 时刻队列 $i(i = 1, 2, \cdots, N)$ 接受到服务器的发送服务, 第 i 个队列中所包含的数据信息量为 $\xi_i(n)$, 定义系统的随机变量为 $\{\xi_1(n), \xi_2(n), \cdots, \xi_N(n), \xi_h(n)\}$, 其所耗费的服务时间定义为 $v_i(n)$。队列在接受服务期间不断地会有数据信息量加入, 在此时间段到达第 $j(j = 1, 2, \cdots, N, h)$ 个队列的数据信息量为 $\eta_j(v_i)$。服务器所提供给普通队列的服务完成之后, 会经过一个查询转换时间, 在 t_n^* 时刻服务器为中心队列 h 提供发送服务, 此刻中心队列中所存在的数据信息量为 $\xi_h(n^*)$, 定义系统的随机变量为 $\{\xi_1(n^*), \xi_2(n^*), \cdots, \xi_N(n^*), \xi_h(n^*)\}$。中心队列 h 需要的服务时间定义为 $v_h(n^*)$, 队列中的数据信息量采用完全服务的方式期间, 进入第 $j(j = 1, 2, \cdots, N, h)$ 个队列的数据信息量为 $\eta_j(v_h)$。服务完成之后, 在 t_{n+1} 时刻第 $i+1$ 个普通队列开始接受服务, 定义随机变量 $\{\xi_1(n+1), \xi_2(n+1), \cdots, \xi_N(n+1), \xi_h(n+1)\}$。服务器经第 i 个队列转换到中心队列, 再经中心队列转换到第 $i+1$ 个队列, 其所耗费的转换时间为 $u_i(n)$, 在此时间段加入第 $j(j = 1, 2, \cdots, N, h)$ 个队列的数据信息量为 $\mu_j(u_i)$, 轮询系统的随机变量存在以下关系:

$$\begin{cases} \xi_j(n^*) = \xi_j(n) + \mu_j(u_i) + \eta_j(v_i) & (j = 1, 2, \cdots, N, h; i \neq j) \\ \xi_i(n^*) = \mu_j(u_i) + \eta_i(v_i) \\ \xi_j(n+1) = \xi_j(n^*) + \eta_j(v_h) & (j = 1, 2, \cdots, N, h) \\ \xi_h(n+1) = 0 \end{cases} \tag{4.18}$$

设定系统的工作条件如下:

(1) 在任何时刻加入队列的数据信息量服从于彼此独立且同分布的泊松过程, 其分布概率母函数为 $A_i(z_i)$, 均值为 $\lambda_i = A_i'(1)$, 方差为 $\delta_{\lambda_i}^2 = A_i''(1) + \lambda_i - \lambda_i^2$, 其中 $i = 1, 2, \cdots, N$; 中心队列的分布为 $A_h(z_h)$, $\lambda_h = A_h'(1)$, $\delta_{\lambda_h}^2 = A_h'(1) + \lambda_h - \lambda_h^2$。

(2) 服务器对任意一个队列进行发送时, 队列中所包含的数据信息量在发送的时候所耗费的时间满足于彼此独立且同分布的过程, 其分布概率母函数为 $B_j(z_j)$, 均值为 $\beta_j = \beta_j'(1)$, 方差为 $\delta_{\beta_j}^2 = B_j'(1) + \beta_j - \beta_j^2$, 其中 $j = 1, 2, \cdots, N$; 中心队列的分布为 $B_h(z_h)$, $\beta_h = \beta_h'(1)$, $\delta_{\beta_h}^2 = B_h''(1) + \beta_h - \beta_h^2$。

(3) 服务器完成队列的发送服务, 队列之间进行切换时, 所耗费时间的分布过程的概率母函数为 $R_k(z_k)$, 均值为 $\gamma_k = A_k'(1)$, 方差为 $\delta_{\gamma_k}^2 = R_k''(1) + \gamma_k - \gamma_k^2$, 其中 $k = 1, 2, \cdots, N$; 中心队列的分布为 $R_h(z_h)$, $\gamma_h = R_h'(1)$, $\delta_{\gamma_h}^2 = R_h''(1) + \gamma_h - \gamma_h^2$。

(4) 设定服务系统中任何一个队列的缓存容量足够大, 不存在数据信息量丢失的情况。

(5) 每一个加入队列的数据信息量将会按照先到先服务 (FCFS) 的原则接受服务。

定义系统的变量:

$u_i(n)$：第 i 个普通队列在接受完服务之后，查询转换到中心队列所耗费的时间；

$v_i(n)$：服务器完成对第 i 个普通队列中数据信息量的发送服务所耗费的时间；

$v_h(n^*)$：服务器完成对中心队列所包含的数据信息量的发送服务所耗费的时间；

$\mu_j(u_i)$：设定为在 $u_i(n)$ 这段时间长度内加入第 j 个队列的数据信息量；

$\eta_j(v_i)$：设定为 $v_i(n)$ 这段时间长度内加入第 j 个队列的数据信息量；

$\eta_j(v_h)$：设定为在 $v_h(n^*)$ 这段时间内加入第 j 个队列的数据信息量。

Markov 链在 $\sum_{i=1}^{N} \lambda_i \beta_i + \lambda_h \beta_h = \sum_{i=1}^{N} \rho_i + \rho_h < 1$ 的条件下达到稳态，在稳态下的概率母函数为

$$\lim_{n \to \infty} p[\xi_i(n) = x_i; i = 1, 2, \cdots, N, h] = \pi_i(x_1, x_2, \cdots, x_i, \cdots, x_N, x_h) \quad (4.19)$$

概率母函数定义为

$$G_i(z_1, z_2, \cdots, z_i, \cdots, z_N, z_h)$$

$$= \sum_{x_1=0}^{\infty} \sum_{x_2=0}^{\infty} \cdots \sum_{x_i=0}^{\infty} \cdots \sum_{x_N=0}^{\infty} [\pi_i(x_1, x_2, \cdots, x_i, \cdots, x_N, x_h)$$

$$\cdot z_1^{x_1} z_2^{x_2} \cdots z_i^{x_i} \cdots z_N^{x_N} z_h^{x_h}] \quad (4.20)$$

$$G_{ih}(z_1, z_2, \cdots, z_N, z_h)$$

$$= \lim_{t \to \infty} E\left[\prod_{i=1}^{N} z_i^{\xi_i(n^*)} z_h^{\xi_h(n^*)}\right] = R_i\left[\prod_{j=1}^{N} A_j(z_j) A_h(z_h)\right]$$

$$\cdot G_i\left[z_1, z_2, \cdots, B_i\left(\prod_{j=1}^{N} A_j(z_j)\right), z_{i+1}, \cdots, z_N, z_h\right] \quad (i = 1, 2, \cdots, N) \quad (4.21)$$

$$G_{i+1}(z_1, z_2, \cdots, z_N, z_h)$$

$$= \lim_{t \to \infty} E\left[\prod_{i=1}^{N} z_i^{\xi_i(n+1)} z_h^{\xi_h(n+1)}\right]$$

$$= G_{ih}\left(z_1, z_2, \cdots, z_N, B_h\left(\prod_{j=1}^{N} A_j(z_j) F_i\left(\prod_{j=1}^{N} A_j(z_j)\right)\right)\right) \quad (4.22)$$

式中 $F_i(z_i) = A_i(B_i(z_iF_i(z_i)))$ 表示服务器对任意一个队列，在任一时段内到达的数据信息量，以及在服务期间到达的数据信息量使用完全服务的方式所需时间的随机变量的概率母函数。

求解轮询系统的二阶特性，可得系统的平均排队队长，根据式 (4.21) 和式 (4.22) 求解，得到第 i 个普通队列的平均排队队长的表达式为

$$g_i(i) = \frac{\lambda_i \sum_{j=1}^{N} \gamma_j}{1 - \rho_h - \sum_{j=1}^{N} \rho_j} \tag{4.23}$$

同理，采用上述方法可以得到中心队列的平均排队队长的表达式为

$$g_{ih}(h) = \frac{\lambda_h \gamma_i (1 - \rho_h)}{1 - \rho_h - \sum_{j=1}^{N} \rho_j} \tag{4.24}$$

$g_{ih}(h)$ 表示普通节点 i 所有的数据信息量接受完服务转换到中心节点之后这段时间内以及在服务期间进入中心节点的所有数据信息量的平均排队队长，所以在以下对中心队列进行分析时会出现多段各不相同的平均排队队长和平均等待时间的情况。

轮询系统的循环查询周期表示为：同一队列被系统服务器两次查询访问到的时刻时间差的统计平均值，其具体为 $N+1$ 个队列按规定的服务规则进行一次服务所花费时间的统计平均值。所以可以计算得到两级非对称轮询系统的循环周期 $E(\theta)$：

$$E(\theta) = \frac{\sum_{i=1}^{N} \gamma_i}{1 - \rho_h - \sum_{i=1}^{N} \rho_i} \tag{4.25}$$

求解系统的二阶偏导，可得

$$
\begin{aligned}
g_{i+1}(k,l) = {} & g_{ih}(k,l) + \beta_h g_{ih}(k,h)[\lambda_l + F_h'(1)\lambda_l] + g_{ih}(h,l)\beta_h[\lambda_k + F_h'(1)\lambda_k] \\
& + g_{ih}(h,h)\beta_h[\lambda_l + F_h'(1)\lambda_l]\beta_h[\lambda_k + F_h'(1)\lambda_k] \\
& + g_{ih}(h)B_h'(1)[\lambda_l + F_h'(1)\lambda_l] \cdot [\lambda_k + F_h'(1)\lambda_k] \\
& + g_{ih}(h)\beta_h[\lambda_l\lambda_k + F_h(1)\lambda_l\lambda_k + 3F_h'(1)\lambda_l\lambda_k]
\end{aligned}
\tag{4.26}
$$

$$g_{i+1}(k,i) = \lambda_i\lambda_k R_i''(1) + \lambda_i\lambda_k r_i + \lambda_i r_i g_i(k) + [2\lambda_i\lambda_k\beta_i r_i + \lambda_i\lambda_k B_i'(1) + \lambda_i\lambda_k\beta_i]$$

$$\cdot g_i(i) + \lambda_i \beta_i g_i(k,i) + \lambda_i \lambda_k \beta_i^2 g_i(i,i) + \lambda_i \beta_h [1 + F_h'(1)] g_{ih}(k,h)$$
$$+ \lambda_k \beta_h [1 + F_h'(1)] g_{ih}(h,i) + \lambda_i \lambda_k \beta_h^2 [1 + F_h'(1)]^2 g_{ih}(h,h) + \lambda_i \lambda_k \beta_h''$$
$$\cdot [1 + F_h'(1)]^2 g_{ih}(h) + \lambda_i \lambda_k \beta_h [1 + 3F_h'(1) + F_h''(1)] g_{ih}(h) \tag{4.27}$$

$$g_{i+1}(i,l) = \lambda_i \lambda_l R_i''(1) + \lambda_i \lambda_l r_i + \lambda_i r_i g_i(l) + [2\lambda_i \lambda_l \beta_i r_i + \lambda_i \lambda_l B_i''(1) + \lambda_i \lambda_l \beta_i]$$
$$\cdot g_i(i) + \lambda_i \beta_i g_i(i,l) + \lambda_i \lambda_l \beta_i^2 g_i(i,i) + \lambda_l \beta_h [1 + F_h'(1)] g_{ih}(i,h)$$
$$+ \lambda_i \beta_h [1 + F_h'(1)] g_{ih}(h,l) + \lambda_i \lambda_l \beta_h^2 [1 + F_h'(1)]^2 g_{ih}(h,h) + \lambda_i \lambda_l \beta_h''(1)$$
$$\cdot [1 + F_h'(1)]^2 g_{ih}(h) + \lambda_i \lambda_l \beta_h [1 + 3F_h'(1) + F_h''(1)] g_{ih}(h) \tag{4.28}$$

$$g_{ih}(k,h) = \lambda_k \lambda_h R_i''(1) + \lambda_k \lambda_h r_i + \lambda_k r_i [g_i(h) + \lambda_h \beta_i g_i(i)] + \lambda_h r_i [g_i(k)$$
$$+ \lambda_k \beta_i g_i(i)] + g_i(k,h) + \lambda_h \beta_i g_i(k,i) + \lambda_k \beta_i g_i(i,h) + \lambda_k \lambda_h \beta_i^2 g_i(i,i)$$
$$+ \lambda_k \lambda_h B_i''(1) g_i(i) + \lambda_k \lambda_h \beta_i g_i(i) \tag{4.29}$$

$$g_{ih}(h,l) = \lambda_l \lambda_h R_i''(1) + \lambda_l \lambda_h \gamma_i + \lambda_h \gamma_i g_i(l) + \lambda_l \gamma_i g_i(h) + [2\lambda_l \lambda_h \beta_i \gamma_i$$
$$+ \lambda_l \lambda_h B_i''(1) + \lambda_l \lambda_h \beta_i] g_i(i) + g_i(h,l) + \lambda_l \beta_i g_i(h,i)$$
$$+ \lambda_h \beta_i g_i(i,l) + \lambda_l \lambda_h \beta_i^2 g_i(i,i) \tag{4.30}$$

$$g_{ih}(h,h) = \lambda_h^2 R_i''(1) + \gamma_i A_h''(1) + [2\lambda_h^2 \beta_i \gamma_i + \lambda_h^2 B_i''(1) + \beta_i A_h''(1)] g_i(i)$$
$$+ \lambda_h^2 \beta_i^2 g_i(i,i) \tag{4.31}$$

$$\sum_{i=1}^{N} g_{ih}(k,h) = \lambda_k \lambda_h \sum_{i=1}^{N} R_i''(1) + \lambda_k \lambda_h \sum_{i=1}^{N} r_i + \lambda_h \sum_{\substack{i=1 \\ i \neq k}}^{N} \gamma_i g_i(k) + \lambda_k \lambda_h \sum_{i=1}^{N} [2\beta_i \gamma_i$$
$$+ B_i''(1) + \beta_i] g_i(i) + \lambda_h \sum_{i=1}^{N} \beta_i g_i(k,i) + \lambda_k \lambda_h \sum_{i=1}^{N} \beta_i^2 g_i(i,i) \tag{4.32}$$

$$\sum_{i=1}^{N} g_{ih}(h,l) = \lambda_l \lambda_h \sum_{i=1}^{N} R_i''(1) + \lambda_l \lambda_h \sum_{i=1}^{N} r_i + \lambda_h \sum_{\substack{i=1 \\ i \neq k}}^{N} \gamma_i g_i(l) + \lambda_l \lambda_h \sum_{i=1}^{N} [2\beta_i \gamma_i$$
$$+ B_i''(1) + \beta_i] g_i(i) + \lambda_h \sum_{i=1}^{N} \beta_i g_i(i,l) + \lambda_l \lambda_h \sum_{i=1}^{N} \beta_i^2 g_i(i,i) \tag{4.33}$$

$$g_{ih}(h,h) = \lambda_h^2 R_i''(i) + \gamma_i A_h''(1) + [2\lambda_h^2 \beta_i \gamma_i + \lambda_h^2 B_i''(1)$$
$$+ \beta_i A_h''(1)] g_i(i) + \lambda_h^2 \beta_i^2 g_i(i,i) \tag{4.34}$$

由式 (4.26)~式 (4.28) 计算 $\sum\limits_{i=1}^{N} g_{i+1}(k,l)$，把 $\sum\limits_{i=1}^{N} g_{ih}(h,l)$，$\sum\limits_{i=1}^{N} g_{ih}(k,h)$ 和 $g_{ih}(h,h)$ 代入得到

$$g_k(k,l) + g_l(k,l)$$

$$= \lambda_k \lambda_l \sum_{i=1}^{N} R_i''(1) + \lambda_k \lambda_l \sum_{i=1}^{N} \gamma_i + \lambda_l \sum_{\substack{i=1 \\ i \neq l}}^{N} \gamma_i g_i(k) + \lambda_k \sum_{\substack{i=1 \\ i \neq l}}^{N} \gamma_i g_i(l)$$

$$+ \lambda_k \lambda_l \sum_{i=1}^{N} [2\beta_i \gamma_i + B_i''(1) + \beta_i] g_i(i) + \lambda_l \sum_{i=1}^{N} \beta_i g_i(k, i) + \lambda_k \sum_{i=1}^{N} \beta_i$$

$$\cdot g_i(i, l) + \lambda_k \lambda_l \sum_{i=1}^{N} \beta_i^2 g_i(i, i) + [1 + F_h'(1)] \left\{ 2\lambda_k \lambda_l \lambda_h \beta_h \sum_{i=1}^{N} R_i''(1) \right.$$

$$+ 2\lambda_k \lambda_l \lambda_h \beta_h \sum_{i=1}^{N} \gamma_i + \lambda_l \lambda_h \beta_h \sum_{\substack{i=1 \\ i \neq k}}^{N} \gamma_i g_i(k) + \lambda_k \lambda_h \beta_h \sum_{\substack{i=1 \\ i \neq l}}^{N} \gamma_i g_i(l) + 2\lambda_k \lambda_l$$

$$\cdot \lambda_h \beta_h \sum_{i=1}^{N} [2\beta_i \gamma_i + B_i''(1) + \beta_i] g_i(i) + \lambda_l \lambda_h \beta_h \sum_{i=1}^{N} \beta_i g_i(k, i) + \lambda_k \lambda_h \beta_h$$

$$\cdot \sum_{i=1}^{N} \beta_i g_i(i, l) + 2\lambda_k \lambda_l \lambda_h \beta_h \sum_{i=1}^{N} \beta_i^2 g_i(i, i) \right\} + \lambda_k \lambda_l \beta_h^2 [1 + F_h'(1)]^2 \{\lambda_h^2$$

$$\cdot \sum_{i=1}^{N} R_i'(1) + A_h''(1) \sum_{i=1}^{N} \gamma_i + \sum_{i=1}^{N} [2\lambda_h^2 \beta_i \gamma_i + \lambda_h^2 B_i''(1) + \beta_i A_h''(1)] g_i(i)$$

$$+ \lambda_h^2 \sum_{i=1}^{N} \beta_i^2 g_i(i, i)\} + \lambda_k \lambda_l B_h''(1)[1 + F_h'(1)]^2 \sum_{i=1}^{N} g_{ih}(h)$$

$$+ \lambda_k \lambda_l \lambda_h [1 + 3 \cdot F_h'(1) + F_h''(1)] \sum_{i=1}^{N} g_{ih}(h) \tag{4.35}$$

$$\sum_{i=1}^{N} g_{ih}(h, k) = \lambda_k \lambda_h \sum_{i=1}^{N} R_i''(1) + \lambda_k \lambda_h \sum_{i=1}^{N} \gamma_i + \lambda_h \sum_{i=1}^{N} \gamma_i g_i(k)$$

$$+ \sum_{i=1}^{N} [2\lambda_k \lambda_h \beta_i \gamma_i + \lambda_k \lambda_h B_i''(1) + \lambda_k \lambda_h \beta_i] g_i(i)$$

$$+ \lambda_h \sum_{i=1}^{N} \beta_i g_i(i, k) + \lambda_k \lambda_h \sum_{i=1}^{N} \beta_i^2 g_i(i, i) \tag{4.36}$$

$$g_k(k, k) = \lambda_k^2 \sum_{i=1}^{N} R_i''(1) + A_k''(1) \sum_{i=1}^{N} \gamma_i + \sum_{i=1}^{N} [2\lambda_k^2 \beta_i \gamma_i + \lambda_k^2 B_i''(1)$$

$$+ \beta_i A_k''(1)] g_i(i) + 2\lambda_k \cdot \sum_{\substack{i=1 \\ i \neq k}}^{N} \gamma_i g_i(k) + \lambda_k \sum_{\substack{i=1 \\ i \neq k}}^{N} \beta_i g_i(k, i)$$

$$+ \lambda_k \sum_{\substack{i=1 \\ i \neq k}}^{N} \beta_i g_i(i,k) + \lambda_k^2 \sum_{i=1}^{N} \beta_i^2 g_i(i,i) + \lambda_k \beta_h [1 + F_h'(1)] \sum_{i=1}^{N} g_{ih}(h)$$

$$+ \lambda_k \beta_h [1 + F_h'(1)] \sum_{i=1}^{N} g_{ih}(h,k) + \lambda_k^2 \beta_h^2 [1 + F_h'(1)]^2 \sum_{i=1}^{N} g_{ih}(h,h)$$

$$+ \lambda_k^2 B_h'(1)[1 + F_h'(1)]^2 \sum_{i=1}^{N} g_{ih}(h) + \beta_h [A_k'(1) + 2\lambda_k F_h'(1)$$

$$+ \lambda_k^2 F_h'(1) + A_k'(1) F_h'(1)] \sum_{i=1}^{N} g_{ih}(h) \tag{4.37}$$

将式 (4.35) 求和，并利用式 (4.37) 化简得到

$$\left\{ 1 - \sum_{i=1}^{N} \rho_i + \rho_h [1 + F_h'(1)] \sum_{i=1}^{N} \rho_i \right\} \sum \frac{\beta_i}{\lambda_i}(1 + \rho_i) g_i(i,i)$$

$$= \frac{\sum_{i=1}^{N} \rho_i \sum_{i=1}^{N} R_i'(1)}{(1 + \rho_h)^2} + \frac{\sum_{i=1}^{N} \rho_i \sum_{i=1}^{N} \gamma_i}{(1 - \rho_h)^2}$$

$$+ \frac{\sum_{i=1}^{N} \rho_i}{(1 - \rho_h)^2} \cdot \sum_{i=1}^{N} [2\beta_i \gamma_i + B_i''(1) + \beta_i] g_i(i)$$

$$+ \frac{1 + \rho_h}{1 - \rho_h} \sum_{i=1}^{N} \rho_i \left\{ \frac{\left(\sum_{i=1}^{N} \gamma_i\right)^2}{1 - \rho_h} + \frac{\sum_{i=1}^{N} \rho_i \left(\sum_{i=1}^{N} \gamma_i\right)^2}{(1 - \rho_h)\left(1 - \rho_h - \sum_{i=1}^{N} \rho_i\right)} \right.$$

$$\left. - \frac{\sum_{i=1}^{N} \gamma_i}{1 - \rho_h - \sum_{i=1}^{N} \rho_i} \right\} + \frac{\lambda_h B_h'(1) \sum_{i=1}^{N} \rho_i \sum_{i=1}^{N} \gamma_i}{(1 - \rho_h)\left(1 - \rho_h - \sum_{i=1}^{N} \rho_i\right)}$$

$$+ \rho_h \sum_{i=1}^{N} \gamma_i \left\{ \sum_{i=1}^{N} \rho_i + \frac{\rho_h \sum_{i=1}^{N} \beta_i}{1 - \rho_h} + \frac{\rho_h \sum_{i=1}^{N} \rho_i}{1 - \rho_h} \right.$$

$$\left. + \frac{A_h'(1) \beta_h^2 \sum_{i=1}^{N} \rho_i}{(1 - \rho_h)^3} + \frac{\lambda_h B_h''(1) \sum_{i=1}^{N} \rho_i}{(1 - \rho_h)^3} + \frac{2\rho_h^2 \sum_{i=1}^{N} \rho_i}{(1 - \rho_h)^2} \right\}$$

$$+ \frac{\rho_h \sum\limits_{i=1}^{N} \gamma_i \left(\sum\limits_{i=1}^{N} \rho_i \right)^2}{1 - \rho_h - \sum\limits_{i=1}^{N} \rho_i} \left\{ 1 + \frac{3\rho_h}{1-\rho_h} + \frac{A_h'(1)\beta_h^2}{(1-\rho_h)^3} + \frac{\lambda_h B_h'(1)}{(1-\rho_h)^3} + \frac{2\rho_h^2}{(1-\rho_h)^2} \right\} \quad (4.38)$$

根据循环查询周期的定义得到该随机变量的概率母函数为 $\theta_i(z_i)$,并有如下关系式:

$$\theta_i(A_i(z_i)) = G_i(1, \cdots z_i, 1, \cdots, 1) \quad (i = 1, 2, \cdots, N, h) \qquad (4.39)$$

对此式进行二阶求导,得到

$$\lambda_i^2 \theta_i''(1) + \theta A_i''(1) = g_i(i, i) \qquad (4.40)$$

因为系统的二阶特性量有

$$\theta_i''(1) \approx \theta_j''(1) \qquad (4.41)$$

由式 (4.38) 和式 (4.41) 得到

$$g_i(i, i) = \frac{\lambda_i^2}{\sum\limits_{k=1}^{N} \rho_k(1+\rho_k)} \left[\sum_{k=1}^{N} \frac{\beta_k}{\lambda_k}(1+\rho_k)g_k(k, k) - \theta \sum_{k=1}^{N} \frac{\beta_k}{\lambda_k}(1+\rho_k)A''(1) \right] \quad (4.42)$$

根据式 (4.42) 并分别结合式 (4.38) 和式 (4.34) 可以得到 $g_{ih}(h, h)$ 和 $g_i(i, i)$ 的近似表达式。

数据信息量的平均等待时间是指数据信息量到达队列被发送出去所需的时间。根据上述计算得到的 $g_i(i, i)$ 和 $g_{ih}(h, h)$ 的近似表达式,分别代入下面两式即可求得平均等待时间的表达式。

普通节点的平均等待时间为

$$E(w_i) = \frac{(1+\rho_i)g_i(i, i)}{2\lambda_i g_i(i)} \qquad (4.43)$$

中心节点的平均等待时间为

$$E(w_h) = \frac{g_{ih}(h, h)}{2\lambda_h g_{ih}(h)} - \frac{(1-2\rho_h)A_h''(1)}{2\lambda_h^2(1-\rho_h)} + \frac{\lambda_h B_h''(1)}{2(1-\rho_h)} \qquad (4.44)$$

二、仿真实验及性能分析

基于上述所建立的两级非对称轮询服务模型，同时根据以下所建立的工作条件进行理论值计算和实验仿真。

(1) 各队列的参数变量都应当服从相同的分布，但是各变量并不具备对称性；

(2) 任一时隙内进入各队列的数据信息量都满足泊松分布；

(3) 轮询系统满足 $\sum_{i=1}^{N} \lambda_i\beta_i + \lambda_h\beta_h = \sum_{i=1}^{N} \rho_i + \rho_h < 1$ 稳态条件。

表 4.19~表 4.28 为到达率增加，普通队列和中心队列平均排队队长的实验值与理论值比较，以及服务时间增加，普通队列和中心队列平均排队队长的理论值与实验值比较，并得到其变化关系如图 4.8~图 4.11 所示。

表 4.19　到达率增加队列 1 和中心队列平均排队队长的理论值与实验值比较 $(N=5)$

$\lambda_2=0.003$ $\lambda_3=0.006$	λ_1	$g_1(1)$		$g_{1h}(h)$	
	到达率	理论值	实验值	理论值	实验值
$\lambda_4=0.040$	0.01	0.0976	0.0979	0.0241	0.0237
$\lambda_5=0.010$	0.02	0.2051	0.2052	0.0254	0.0251
$\lambda_h=0.010$	0.03	0.3243	0.3245	0.0268	0.0268
$\beta_1=4$　$\beta_2=4$	0.04	0.4571	0.4572	0.0283	0.0281
$\beta_3=3$　$\beta_4=2$	0.05	0.6061	0.6062	0.0300	0.0299
$\beta_5=1$　$\beta_h=1$	0.06	0.7742	0.7738	0.0319	0.0317
$\gamma_1=2$　$\gamma_2=3$	0.07	0.9655	0.9654	0.0341	0.0329
$\gamma_3=1$　$\gamma_4=1$	0.08	1.1852	1.1856	0.0367	0.0367
$\gamma_5=1$	0.09	1.4400	1.4399	0.0396	0.0391
	0.10	1.7391	1.7389	0.0430	0.0426

表 4.20　到达率增加队列 2 和中心队列平均排队队长的理论值与实验值比较 $(N=5)$

$\lambda_1=0.001$ $\lambda_3=0.006$	λ_2	$g_2(2)$		$g_{2h}(h)$	
	到达率	理论值	实验值	理论值	实验值
$\lambda_4=0.040$	0.01	0.0966	0.0972	0.0359	0.0358
$\lambda_5=0.010$	0.02	0.2030	0.2031	0.0377	0.0371
$\lambda_h=0.010$	0.03	0.3209	0.3210	0.0397	0.0395
$\beta_1=4$　$\beta_2=4$	0.04	0.4520	0.4519	0.0419	0.0420
$\beta_3=3$　$\beta_4=2$	0.05	0.5988	05987	0.0445	0.0439
$\beta_5=1$　$\beta_h=1$	0.06	0.7643	0.7650	0.0473	0.0479
$\gamma_1=2$　$\gamma_2=3$	0.07	0.9524	0.9529	0.0505	0.0501
$\gamma_3=1$　$\gamma_4=1$	0.08	1.1679	1.1672	0.0542	0.0536
$\gamma_5=1$	0.09	1.4173	1.4174	0.0585	0.0587
	0.10	1.7094	1.7092	0.0635	0.0621

表 4.21　到达率增加队列 3 和中心队列平均排队队长的理论值与实验值比较 $(N=5)$

$\lambda_1=0.001$	λ_3	$g_3(3)$		$g_{3h}(h)$	
$\lambda_2=0.003$	到达率	理论值	实验值	理论值	实验值
$\lambda_4=0.040$	0.01	0.0948	0.0943	0.0117	0.0115
$\lambda_5=0.010$	0.02	0.1966	0.1965	0.0122	0.0124
$\lambda_h=0.010$	0.03	0.3061	0.3062	0.0126	0.0129
$\beta_1=4$　$\beta_2=4$	0.04	0.4244	0.4245	0.0131	0.0138
$\beta_3=3$　$\beta_4=2$	0.05	0.5525	0.5521	0.0137	0.0138
	0.06	0.6916	0.6914	0.0143	0.0141
$\beta_5=1$　$\beta_h=1$	0.07	0.8434	0.8436	0.0149	0.0145
$\gamma_1=2$　$\gamma_2=3$	0.08	1.0095	1.0095	0.0156	0.0152
$\gamma_3=1$　$\gamma_4=1$	0.09	1.1921	1.1924	0.0164	0.0168
$\gamma_5=1$	0.10	1.3937	1.3933	0.0172	0.0178

表 4.22　到达率增加队列 4 和中心队列平均排队队长的理论值与实验值比较 $(N=5)$

$\lambda_1=0.001$	λ_4	$g_4(4)$		$g_{4h}(h)$	
$\lambda_2=0.003$	到达率	理论值	实验值	理论值	实验值
$\lambda_3=0.006$	0.01	0.0858	0.0865	0.0106	0.0114
$\lambda_5=0.010$	0.02	0.1754	0.1754	0.0109	0.0104
$\lambda_h=0.010$	0.03	0.2691	0.2688	0.0111	0.0112
$\beta_1=4$　$\beta_2=4$	0.04	0.3670	0.3675	0.0114	0.0117
$\beta_3=3$　$\beta_4=2$	0.05	0.4695	0.4694	0.0116	0.0117
	0.06	0.5769	0.5773	0.0119	0.0118
$\beta_5=1$　$\beta_h=1$	0.07	0.6897	0.6889	0.0122	0.0126
$\gamma_1=2$　$\gamma_2=3$	0.08	0.8081	0.8076	0.0125	0.0130
$\gamma_3=1$　$\gamma_4=1$	0.09	0.9326	0.9330	0.0128	0.0129
$\gamma_5=1$	0.10	1.0638	1.0631	0.0132	0.0135

表 4.23　到达率增加队列 5 和中心队列平均排队队长的理论值与实验值比较 $(N=5)$

$\lambda_1=0.001$	λ_5	$g_5(5)$		$g_{5h}(h)$	
$\lambda_2=0.003$	到达率	理论值	实验值	理论值	实验值
$\lambda_3=0.006$	0.01	0.0935	0.0939	0.0116	0.0118
$\lambda_4=0.040$	0.02	0.1914	0.1919	0.0118	0.0121
$\lambda_h=0.010$	0.03	0.2941	0.2935	0.0121	0.0120
$\beta_1=4$　$\beta_2=4$	0.04	0.4020	0.4025	0.0124	0.0117
$\beta_3=3$　$\beta_4=2$	0.05	0.5155	0.5151	0.0128	0.0128
	0.06	0.6349	0.6347	0.0131	0.0133
$\beta_5=1$　$\beta_h=1$	0.07	0.7609	0.7613	0.0135	0.0142
$\gamma_1=2$　$\gamma_2=3$	0.08	0.8939	0.8936	0.0138	0.0134
$\gamma_3=1$　$\gamma_4=1$	0.09	1.0345	1.0344	0.0142	0.0147
$\gamma_5=1$	0.10	1.1834	1.1837	0.0146	0.0141

表 4.24　服务时间增加队列 1 和中心队列平均排队队长的理论值与实验值比较 $(N = 5)$

λ_1=0.01	β_1	$g_1(1)$		$g_{1h}(h)$	
λ_2=0.03	服务时间	理论值	实验值	理论值	实验值
λ_3=0.04	1	0.0781	0.0792	0.0155	0.0155
λ_4=0.04	2	0.0794	0.0793	0.0157	0.0158
λ_5=0.01	3	0.0806	0.0810	0.0160	0.0157
λ_h=0.01　β_2=4	4	0.0820	0.0815	0.0162	0.0160
β_3=3　β_4=2	5	0.0833	0.0832	0.0165	0.0163
β_5=2　β_h=1	6	0.0847	0.0848	0.0168	0.0166
	7	0.0862	0.0860	0.0171	0.0176
γ_1=1　γ_2=1	8	0.0877	0.0879	0.0174	0.0178
γ_3=1　γ_4=1	9	0.0893	0.0891	0.0177	0.0177
γ_5 =1	10	0.0909	0.0904	0.0180	0.0180

表 4.25　服务时间增加队列 2 和中心队列平均排队队长的理论值与实验值比较 $(N = 5)$

λ_1=0.01	β_2	$g_2(2)$		$g_{2h}(h)$	
λ_2=0.03	服务时间	理论值	实验值	理论值	实验值
λ_3=0.04	1	0.2143	0.2146	0.0141	0.0138
λ_4=0.04	2	0.2239	0.2241	0.0148	0.0144
λ_5=0.01	3	0.2344	0.2343	0.0155	0.0151
λ_h=0.01　β_1=4	4	0.2459	0.2463	0.0162	0.0164
β_3=3　β_4=2	5	0.2586	0.2583	0.0171	0.0172
β_5=2　β_h=1	6	0.2727	0.2730	0.0180	0.0179
	7	0.2885	0.2884	0.0190	0.0187
γ_1=1　γ_2=1	8	0.3061	0.3057	0.0202	0.0206
γ_3=1　γ_4=1	9	0.3261	0.3260	0.0215	0.0213
γ_5=1	10	0.3488	0.3485	0.0230	0.0225

表 4.26　服务时间增加队列 3 和中心队列平均排队队长的理论值与实验值比较 $(N = 5)$

λ_1=0.01	β_3	$g_3(3)$		$g_{3h}(h)$	
λ_2=0.03	服务时间	理论值	实验值	理论值	实验值
λ_3=0.04	1	0.2899	0.2898	0.0143	0.0146
λ_4=0.04	2	0.3077	0.3076	0.0152	0.0151
λ_5=0.01	3	0.3279	0.3278	0.0162	0.0158
λ_h=0.01　β_1=4	4	0.3509	0.3508	0.0174	0.0173
β_2=4　β_4=2	5	0.3774	0.3772	0.0187	0.0183
β_5=2　β_h=1	6	0.4082	0.4078	0.0202	0.02054
	7	0.4444	0.4447	0.0220	0.0224
γ_1=1　γ_2=1	8	0.4878	0.4865	0.0241	0.0243
γ_3=1　γ_4=1	9	0.5405	0.5402	0.0268	0.0265
γ_5=1	10	0.6061	0.6071	0.0300	0.0302

表 4.27　服务时间增加队列 4 和中心队列平均排队队长的理论值与实验值比较 $(N = 5)$

$\lambda_1=0.01$ $\lambda_2=0.03$ $\lambda_3=0.04$ $\lambda_4=0.04$ $\lambda_5=0.01$ $\lambda_h=0.01$　$\beta_1=4$ $\beta_2=4$　$\beta_3=3$ $\beta_5=2$　$\beta_h=1$ $\gamma_1=1$　$\gamma_2=1$ $\gamma_3=1$　$\gamma_4=1$ $\gamma_5=1$	β_4	$g_4(4)$		$g_{4h}(h)$	
	服务时间	理论值	实验值	理论值	实验值
	1	0.3077	0.3076	0.0152	0.0153
	2	0.3279	0.3278	0.0162	0.0161
	3	0.3509	0.3506	0.0174	0.0178
	4	0.3774	0.3777	0.0187	0.0184
	5	0.4082	0.4083	0.0202	0.0204
	6	0.4444	0.4439	0.0220	0.0221
	7	0.4878	0.4873	0.0241	0.0245
	8	0.5405	0.5406	0.0268	0.0265
	9	0.6061	0.6066	0.0300	0.0305
	10	0.6897	0.6816	0.0341	0.0343

表 4.28　服务时间增加队列 5 和中心队列平均排队队长的实验值与理论值比较 $(N = 5)$

$\lambda_1=0.01$ $\lambda_2=0.03$ $\lambda_3=0.04$ $\lambda_4=0.04$ $\lambda_5=0.01$ $\lambda_h=0.01$　$\beta_1=4$ $\beta_2=4$　$\beta_3=3$ $\beta_4=2$　$\beta_h=1$ $\gamma_1=1$　$\gamma_2=1$ $\gamma_3=1$　$\gamma_4=1$ $\gamma_5=1$	β_5	$g_5(5)$		$g_{5h}(h)$	
	服务时间	理论值	实验值	理论值	实验值
	1	0.0806	0.0809	0.0160	0.0161
	2	0.0820	0.0815	0.0162	0.0159
	3	0.0833	0.0836	0.0165	0.0164
	4	0.0847	0.0853	0.0168	0.0164
	5	0.0862	0.0859	0.0171	0.0174
	6	0.0877	0.0873	0.0174	0.0173
	7	0.0893	0.0895	0.0177	0.0178
	8	0.0909	0.0907	0.0180	0.0179
	9	0.0926	0.0927	0.0183	0.0182
	10	0.0943	0.0939	0.0187	0.0190

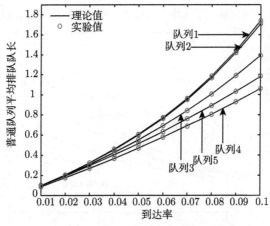

图 4.8　普通队列平均排队队长随到达率的变化关系 $(N = 5)$

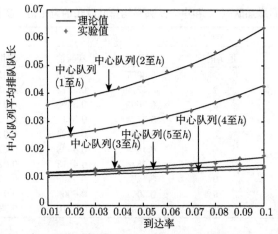

图 4.9   中心队列平均排队队长随到达率的变化关系 $(N = 5)$

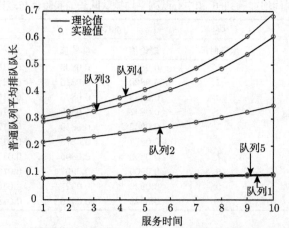

图 4.10   普通队列平均排队队长随服务时间的变化关系 $(N = 5)$

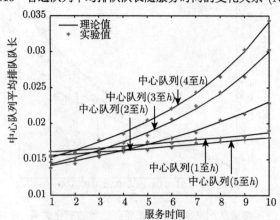

图 4.11   中心队列平均排队队长随服务时间的变化关系 $(N = 5)$

　　图 4.8 与图 4.9 展示了普通队列与中心队列的平均排队队长随到达率变化的情况,从图中可以看出在到达率不断增加的情况下,普通队列服从于与到达率相同的变化规律,即到达率变大其也会变大,当然中心队列亦满足此种变化形式。同时,可以从图中分析得到高优先级队列与低优先级队列的平均排队队长之间的区分度是比较高的,受到达率影响的情况,低优先级的平均排队队长都远大于高优先级的平均排队队长。

　　从图 4.10 与图 4.11 可以看出普通队列与中心队列的平均排队队长受服务时间的影响比较明显,服务时间增加时队长也会变长。同样,两种具有不同优先级的队列,其平均排队队长有着很大的差别,很好地说明轮询系统的优先级得到了较好的区分。除此之外,图中普通队列 1 与普通队列 5,还有 1 至 h 与 5 至 h 这两段时长的中心队列平均排队队长的增长率与其他几个队列相比是比较小的,主要原因是各队列到达率不同,这与理论分析相一致,并以此验证了模型的正确性。

　　图 4.12 中的系统负载是指普通队列的总负载,并不包含中心队列的负载,图 4.13~图 4.16 也是如此情况。从图 4.12 中可以看出,轮询系统的循环查询周期随着负载的增大而不断变大,同时,循环查询周期的理论值与实验值之间有着较好的吻合性。

　　从图 4.13~图 4.16 可以看出,当选取的循环次数较大时,平均等待时间的理论值与实验值是保持一致的且误差较小。对于同一系统而言,当系统的负载变大时,平均等待时间也是随之变大的,同时,系统的队列数增加时这种关系依然存在。除此之外,平均等待时间会受到系统的队列数变化的影响,当系统的队列数量增多

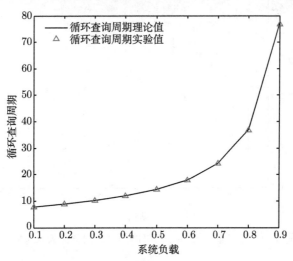

图 4.12　循环查询周期随系统负载的变化关系 $(N = 5)$

时，数据信息量接受服务所需等待的时间就会相应变大，这与实际分析的结果是相一致的。系统在同一负载的情况下，中心队列的平均等待时间小于普通队列的平均等待时间，这也很好地说明采用混合的轮询服务方式来进行优先级的区分是有显著成效的，系统的性能得到了一个整体的优化。

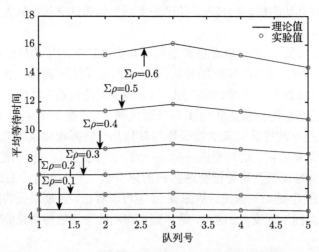

图 4.13　普通队列平均等待时间随负载的变化关系 $(N = 5)$

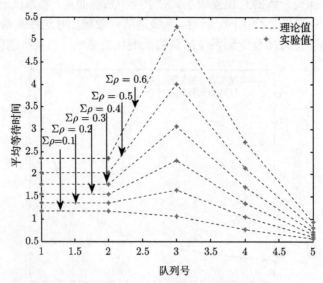

图 4.14　中心队列平均等待时间随负载的变化关系 $(N = 5)$

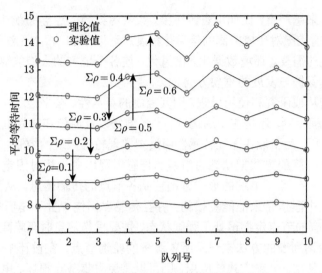

图 4.15 普通队列平均等待时间随负载的变化关系 $(N = 10)$

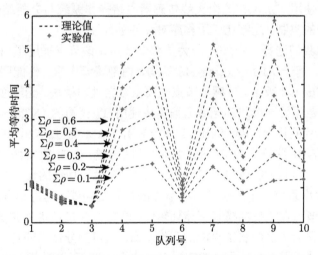

图 4.16 中心队列平均等待时间随负载的变化关系 $(N = 10)$

第三节 非对称及区分优先级非对称轮询系统研究

　　无线传感器网络作为下一代的传感器网络，在人们的各个领域和生产活动中都有着广阔的应用前景。通过在环境中布置大量的传感器节点，我们可以采集温度、湿度等众多物理数据，可以将物理世界的模拟环境进行数字化，让人们直观地了解到我们所生活的环境正在发生哪些细微的变化。随着我国经济的飞快发展，环境污染变得越来越严重，比如水资源污染、大气污染等，已经威胁到了人们的健康生活。但是目前我国对环境监测的信息化程度还远远不够，根本无法满足我国的环境保护与发展的需要。环境数据化、信息化，使各个地方的人们能够共享数据，是我国未来环境保护与发展的重要方向。

轮询系统从被研究和使用以来，因其控制的灵活性、公平性和实用性，无论在工业制造、过程控制，还是在交通调度、设备维修以及通信和计算机网络等领域都得到了广泛应用。为了能在无线传感器网络中实现轮询系统的控制，在无线传感器网络中主要以分簇的方式把动态自组织的传感器网络变为相对固定的簇结构，然后在簇内由簇头节点以单跳的形式查询控制各节点的传输信息，从而避免了常见随机多址协议中碰撞带来的能量损耗，并且传感器网络中并不是所有节点都处于活跃的状态，有的节点定期地处于睡眠状态，需要采集信息时再唤醒，这样可以簇头结点建立轮询列表的方法来记录所要服务的轮询节点，在设计中簇头节点则作为汇聚节点来使用。分簇方式的应用，则可以避免采集节点损坏、电能不足、自然环境因素影响等情况出现时，组网形式发生变化，网络无法对数据进行正确传输等的发生。同时使用 TinyOS 这个无线传感器网络操作系统与之相结合突破了传感器存储资源少的限制，能够让应用程序对硬件进行控制。

通过对比我们选择 CC2538 作为传感器节点，该节点采用了 TI 公司出品的 CC2538 芯片，基于 ARM Cortex-M3 架构，内部资源丰富，性能强劲，能很好地支持最新的 TinyOS 版本。传感器节点主要由数据处理模块、无线通信模块、电源和接口组成。数据处理模块和无线通信模块使用 TI 公司的 CC2538 处理器。选用的 CC2538 芯片的片上闪存 (flash) 为 512 KB，RAM 为 32 KB，其内部集成了工作频率为 2.4 GHz 并符合 IEEE 802.15.4 标准的射频 (RF) 收发器。在最省电的外部中断模式下，该芯片的供电电流仅为 $0.4\mu A$，满足低功耗的设计要求。支持无线传感器网络操作系统 TinyOS 和网络节点的自修复功能。电源部分采用电池供电的方式，因为节点在睡眠的模式下能耗较低，同时 I/O 接口也处在低电压状态，功耗低，这些条件大大地延长了电池的工作寿命。接口部分使用的是 CC2538 的 I/O 端口，可以通过对程序的设置来指定端口的功能，此时可以搭载上不同的传感器来完成环境参数的采集。

CC2538cb 节点在低功耗特性方面相比 TelosB 节点虽然略显不足，但在 RAM 的内存方面，TelosB 节点所使用的 CC2420 芯片的 RAM 只有 10KB 大小，而 CC2538 节点的 RAM 内存却达到了 32KB，所以在使用 CC2538 节点时不用去担心 RAM 的存取空间不够用。同样，CC2420 的射频特性与 CC2538 相比还是有点捉襟见肘的，除此之外，CC2538 节点的价格要便宜很多，完全可以满足此次研究的设计要求。

CC2538 节点在设计过程中预留了 10 个 I/O 口，从左到右分别为 GND、PD1、

PD0、PA7、PA6、PA5、PA4、PA3、PA2、VDD，间距为 2.00mm。

CC2538 的 I/O 口可以根据软件编程指定功能，如 UART、SPI、I2C、SSI、ADC、输入、输出等，灵活度高。CC2538 节点没有焊接传感器，但在使用过程中我们可以运用预留的 I/O 口来完成传感器的接入或其他芯片的总线通信。

CC2538 节点采用 PL2303 USB 转串芯片而不是直接使用 CC2538 的 USB 功能，在于它的驱动对于虚拟机 Linux/Ubuntu、Android 等是免驱动的，能够更加简单快速地使用 Linux/Android。其结构如图 4.17 所示，各模块的功能也在表 4.29 中进行了说明。

图 4.17　CC2538 节点的结构图

表 4.29　CC2538 节点的模块说明

序列	模块说明	备注
1	USB 接口	UART/供电
2	Reset 按键	复位
3	2.00mm 间距 14Pin JTAG	XDS103V3 接口
4	SMA 天线接口	接 SMA 2.4GHz 天线
5	Mcu 芯片 CC2538sf53	512KB flash /32KB RAM
6	I/O 口	预留，可接传感器
7	三个 LED 灯: D1, D2, D3	D3(PC0~绿), D2(PC1~黄), D1(PC2~红)
8	PL2303	USB 转串口占用 CC2538 的 PA0/PA1 口 (UART)

根据前面对无线网络、分簇算法、非对称完全服务、区分优先级的非对称服务进行的分析，此处我们将对 TinyOS 系统中实现非对称轮询系统的过程进行探讨，

以此来对 MAC 协议进行改进。首先要确定簇头节点来负责数据的发送和接收，完成对簇内节点的服务，接着需要设置相应的簇内节点，完成对簇群的构建。因为数据信息量进入节点的过程是一个泊松分布的过程，所以需要使得簇内节点中到达的数据满足近似于泊松分布的过程。同时我们需要记录下服务期间发送数据包的数量，并记录下完成对数据包发送服务所耗费的时间。

以下通过在 TinyOS 中进行程序设计，主要介绍门限服务和完全服务的控制方式，并通过其服务方式改变系统的参数，让每个节点中参数都不相同，以此来实现对非对称轮询系统的控制。

(1) 簇头节点的设置。

```
nx_struct echo_state {
    nx_int8_t cmd;
    nx_int8_t node_number;
    nx_uint32_t number;
} m_data;
nx_uint32_t time;
struct sockaddr_in6 dest;
enum {
  SVC_PORT=10210,
  CMD_ECHO=1,
  CMD_REPLY=2,
};
/*****************************************************
*启动事件 启动后对节点2发送一个数据表示接收节点2数据
*****************************************************/
event void Boot.booted() {
  call SplitControl.start();
  m_data.number=0;
  call Sock.bind(SVC_PORT);
  m_data.cmd=CMD_ECHO;
  inet_pton6(''fe80::212:6d4c:4f00:2'', &dest.sin6_addr);
  dest.sin6_port=htons(SVC_PORT);
  call Sock.sendto(&dest, &m_data, sizeof(m_data));
}
event void SplitControl.startDone(error_t e) { }
event void SplitControl.stopDone(error_t e) { }
```

```
event void Timer.fired(){ }
event void Sock.recvfrom(struct sockaddr_in6 *src, void *payload,
                    uint16_t len, struct ip6_metadata *meta){
  nx_struct echo_state *cmd=payload;
  /*判断是否接收完成，如果是则转入下一个节点*/
  if(cmd->number==1) {
  /*此处为实现轮询机制，所作的判断过程，假定此处有5个簇内节点*/
  switch(cmd->node_number)
  {
  case 2:
     inet_pton6(''fe80::212:6d4c:4f00:3'', &dest.sin6_addr);
     break;
  case 3:
     inet_pton6(''fe80::212:6d4c:4f00:4'', &dest.sin6_addr);
     break;
  case 4:
     inet_pton6(''fe80::212:6d4c:4f00:5'', &dest.sin6_addr);
     break;
  case 5:
     inet_pton6(''fe80::212:6d4c:4f00:6'', &dest.sin6_addr);
     break;
  case 6:
     inet_pton6(''fe80::212:6d4c:4f00:2'', &dest.sin6_addr);
     break;
  default:
   call Leds.led1Toggle();
    break;
  }
   m_data.cmd=CMD_ECHO;
   m_data.node_number=TOS_NODE_ID;
   call Sock.sendto(&dest, &m_data, sizeof(m_data));
  }
 /*将收到包的源地址以及包的个数进行打印*/
else {
  printf(''Receive from:%d, reply number: %d\n'',
```

```
                cmd->node_id, cmd->number);
      call Leds.led2Toggle();
      time=call Timer.getNow(); /*获得当前服务数据的时间*/
      printf(''time:%d\n'', time);
    }
  }
}
```

(2) 簇内节点设置。

簇内节点接收到在簇头节点发送来的信标帧后会被唤醒，此时就可以从内存中读取所缓存的数据信息量然后选择相应的轮询机制来进行服务，簇内节点在接收过程中的核心代码如下：

```
implementation {
  nx_int8_t count;
  /***********************************************
  *启动事件
  ***********************************************/
  event void Boot.booted() {
    call SplitControl.start();
    m_data.number=0;
    count=poisson(lamda); /*生成泊松分布的数据*/
  }
  event void SplitControl.startDone(error_t e){
    /**端口绑定********************************/
    call Sock.bind(SVC_PORT);
  }
    event void SplitControl.stopDone(error_t e){}
/***********************************************
*接收事件
***********************************************/
event void Sock.recvfrom(struct sockaddr_in6 *src, void *payload,
                        uint16_t len,struct ip6_metadata *meta){
      nx_struct echo_state *cmd=payload;
      printf(''Receive from:%d, reply cmd: %d\n'',
              cmd->node_number, cmd->cmd);
      call Timer.startPeriodic(2048);
```

```
            }
        }
```
簇内节点按门限的规则来对数据信息量进行服务的核心代码如下:
```
    nx_int8_t temp;
    int i;
    temp=count;
    count=0;
    for(int i=0;i<temp;i++)
    struct sockaddr_in6 dest;{
    inet_pton6(''fe80::212:6d4c:4f00:1'', &dest.sin6_addr);
    dest.sin6_port=htons(SVC_PORT);
    m_data.cmd=CMD_ECHO;
    m_data.node_number=TOS_NODE_ID;
    m_data.number=--temp;
    /*如果count大于0则持续发送*/
    if(temp>0){
    call Sock.sendto(&dest, &m_data, sizeof(m_data));
    call Leds.led0Toggle();
    time=call Timer.getNow();
    printf(''time:%d\n'', time);
        }
    else
    call Split Control.stop(); /*停止发送*/
    number= poisson(lamda);/*生成泊松数, 将此段生成的信息分组数
                        目计入*/
    count=count+number;
call Leds.led1Toggle();
    }
}
```
簇内节点按完全的规则来对数据信息量进行服务的核心代码如下:
```
    nx_int8_t temp;
    int i;
    temp=count;
    count=0;
    for(int i=0;i<temp;i++)
```

```
struct sockaddr_in6 dest;{
inet_pton6(''fe80::212:6d4c:4f00:1'', &dest.sin6_addr);
dest.sin6_port = htons(SVC_PORT);
m_data.cmd = CMD_ECHO;
m_data.node_number=TOS_NODE_ID;
m_data.number=--temp;
/*如果temp大于0则持续发送*/
if(temp>0){
call Sock.sendto(&dest, &m_data, sizeof(m_data));
call Leds.led0Toggle();
number=poisson(lamda);/*生成泊松数，将此段生成的信息分组数
                        目计入*/
temp=temp+number;
call Leds.led1Toggle();
time=call Timer.getNow();
printf(''time:%d\n'', time);
    }
else
call Split Control.stop(); /*停止发送*/
    }
}
```

(3) 数据在到达的过程中满足泊松分布，其近似过程的核心代码如下：

```
double U_Random();
int poisson(double lambda);
int poisson(double lambda)
{
    int k = 0;
    long double p=1.0;
    long double l = exp(-lambda);
    while(p>=l)
    {
        double u = U_Random();
        p *= u;
        k++;
    }
```

```
    return k-1;
 }
 double U_Random()
{
 double f;
 f = (float)(rand() %100);
 return f/100;
 srand((unsigned)time(NULL));
}
```

在实验的过程中我们使用 6 个 CC2538 节点进行实验，我们将节点 1 设置为簇头节点，负责对其他多个节点进行服务，其他 5 个节点则作为簇内节点，节点号分别设置为 2,3,4,5,6，其中各簇内节点的目的地址为节点 1，已达到节点 1 具有簇头节点功效的目的，各节点的地址与功能如表 4.30 所示。各子节点在睡眠时处于侦听状态，在子节点接收到信标帧时，就会立即发送信息分组。当 5 个子节点接受完服务之后，就会进行下一次循环，一直进行着 2→3→4→5→6→2→⋯ 这样的过程。

表 4.30 节点的地址与功能

节点号	节点地址	节点的功能
1	fe80::212:6d4c:4f00:1	簇头节点
2	fe80::212:6d4c:4f00:2	簇内节点
3	fe80::212:6d4c:4f00:3	簇内节点
4	fe80::212:6d4c:4f00:4	簇内节点
5	fe80::212:6d4c:4f00:5	簇内节点
6	fe80::212:6d4c:4f00:6	簇内节点

通过以上的程序设计，为了达到非对称轮询的控制方式，可以使得进入簇内节点的数据到达率保持不同，当然也可以通过改变簇头节点服务数据信息量的时间间隔和调整簇内节点之间的时间间隔来实现。选取 10 个传感器节点进行实验后得到了其性能特点理论值与实验值的比较，如表 4.31 所示。

从表中的理论值与实验值的数据比较看出，非对称完全服务方式得到实现，从而实现了对 MAC 协议的改进。

上面我们介绍了门限服务和完全服务的实现过程，在此我们将对区分优先级的非对称轮询展开研究，即在普通的节点中采用非对称门限服务方式，在中心节点中使用完全服务方式。以下是区分优先级时簇内节点中程序设计的核心代码，假定此处有 6 个簇内节点 (其中包含 4 个普通节点，1 个中心节点)。

表 4.31　非对称完全服务平均排队队长、等待时间理论值与实验值

$\lambda_1 = 0.002$　$\lambda_2 = 0.002$ $\lambda_3 = 0.005$　$\lambda_4 = 0.005$	节点号 N	$g_i(i)$		$\overline{W}_i$	
		理论值	实验值	理论值	实验值
$\lambda_5 = 0.010$　$\lambda_6 = 0.010$	1	0.0400	0.0369	9.5075	9.4589
$\lambda_7 = 0.020$　$\lambda_8 = 0.010$	2	0.0401	0.0421	9.4675	9.5057
$\lambda_9 = 0.005$　$\lambda_{10} = 0.010$	3	0.0995	0.1036	9.6541	9.6299
$\beta_1 = 5$　$\beta_2 = 4$　$\beta_3 = 3$	4	0.0995	0.0935	9.5485	9.6701
$\beta_4 = 3$　$\beta_5 = 2$　$\beta_6 = 4$	5	0.1980	0.2049	9.5998	9.4695
$\beta_7 = 3$　$\beta_8 = 2$　$\beta_9 = 2$	6	0.1939	0.1921	9.9199	9.8722
$\beta_{10} = 1$	7	0.3798	0.3760	10.1253	10.1932
$\gamma_1 = 2$　$\gamma_2 = 3$　$\gamma_3 = 1$	8	0.1980	0.2036	9.7059	9.6919
$\gamma_4 = 2$　$\gamma_5 = 1$　$\gamma_6 = 2$	9	0.1000	0.1041	9.4826	9.5679
$\gamma_7 = 2$　$\gamma_8 = 1$　$\gamma_9 = 1$ $\gamma_{10} = 1$	10	0.2000	0.1948	9.4775	9.5106

```
nx_uint8_t shunxu;
event void Sock.recvfrom(struct sockaddr_in6 *src, void *payload,
                uint16_t len, struct ip6_metadata
                *meta) {
    nx_struct echo_state *cmd = payload;
    /*判断是否接收完成，如果是则转入下一个节点*/
    if (cmd->number==1) {
    if(cmd->node_number==2)/*假若接收完成的是2号中心节点，
                则转入下一普通节点服务*/
    {
    switch(shunxu)/*顺序记载的是上一次服务的普通节点的节点号，依
        据此判断下一服务节点*/
    {
    case 3:
        inet_pton6(''fe80::212:6d4c:4f00:4'', &dest.sin6_addr);
        break;
    case 4:
        inet_pton6(''fe80::212:6d4c:4f00:5'', &dest.sin6_addr);
        break;
    case 5:
        inet_pton6(''fe80::212:6d4c:4f00:6'', &dest.sin6_addr);
```

```
                break;
        case 6:
                inet_pton6(''fe80::212:6d4c:4f00:3'', &dest.sin6_addr);
                break;
        default:
         call Leds.led1Toggle();
                break;
        }
        }
else /*假若服务的是普通节点，则下一服务节点为中心节点，并记录
        此次服务的节点号*/
{
inet_pton6(''fe80::212:6d4c:4f00:2'', &dest.sin6_addr);
shunxu=cmd->node_number;
}
            m_data.cmd=CMD_ECHO;
            m_data.node_id=TOS_NODE_ID;
            call Sock.sendto(&dest, &m_data, sizeof(m_data));
        }
        /*将收到包的源地址以及包的个数进行打印*/
        else {
        printf(''Receive from:%d, reply number: %d\n'',
            cmd->node_id, cmd->number);
        call Leds.led2Toggle();
    }
    }
}
```

　　按照上述的控制方式，普通节点在接收信标帧时将开启非对称性的门限服务，而中心队列在接收到信标帧后将开启完全服务方式。为了方便对轮询系统的控制，将高优先级的 2 号节点放于轮询的第一位，服务器首先对 2 号节点进行访问并按照完全服务的方式进行服务，之后对查询顺序号为 3 号的节点进行访问并以非对称门限服务的方式进行服务，对 3 号节点服务完成之后再转向 2 号节点进行服务，2 号节点服务完成之后再转向 4 号节点进行服务，依此查询顺序进行周期性的服务。其服务顺序为 2→3→2→4→2→5→2→6→2。各节点的地址与功能如表 4.32 所示。

表 4.32　区分优先级的节点地址与功能

节点号	节点地址	节点功能
1	fe80::212:6d4c:4f00:1	簇头节点
2	fe80::212:6d4c:4f00:2	簇内节点 (中心)
3	fe80::212:6d4c:4f00:3	簇内节点 (普通)
4	fe80::212:6d4c:4f00:4	簇内节点 (普通)
5	fe80::212:6d4c:4f00:5	簇内节点 (普通)
6	fe80::212:6d4c:4f00:6	簇内节点 (普通)

当两级优先级非对称轮询系统的服务方式建立好以后，选取 10 个传感器节点作为普通节点，1 个节点作为中心节点，进行实验后得到的理论值与实验值的比较如表 4.33 和表 4.34 所示。

表 4.33　两级优先级非对称服务平均排队队长理论值与实验值

	节点号	$g_i(i)$		$g_{ih}(h)$	
		理论值	实验值	理论值	实验值
$\lambda_1 = 0.001$　$\lambda_2 = 0.003$	1	0.0198	0.0190	0.0244	0.0219
$\lambda_3 = 0.006$　$\lambda_4 = 0.010$	2	0.0593	0.0635	0.0367	0.0353
$\lambda_5 = 0.004$　$\lambda_6 = 0.010$	3	0.1185	0.1199	0.0122	0.0142
$\lambda_7 = 0.001$　$\lambda_8 = 0.005$	4	0.1975	0.2011	0.0244	0.0242
$\lambda_9 = 0.006$　$\lambda_{10} = 0.020$	5	0.0790	0.0801	0.0244	0.0235
$\lambda_h = 0.010$　$\beta_1 = 4$	6	0.1975	0.1992	0.0244	0.0256
$\beta_2 = 4$　$\beta_3 = 3$　$\beta_4 = 2$	7	0.0198	0.0251	0.0122	0.0105
$\beta_5 = 4$　$\beta_6 = 3$　$\beta_7 = 2$	8	0.0988	0.1047	0.0122	0.0127
$\beta_8 = 4$　$\beta_9 = 3$　$\beta_{10} = 2$	9	0.1185	0.1113	0.0122	0.0140
$\beta_h = 1$　$\gamma_1 = 2$　$\gamma_2 = 3$	10	0.3951	0.4067	0.0122	0.0115
$\gamma_3 = 1$　$\gamma_4 = 2$　$\gamma_5 = 2$					
$\gamma_6 = 2$　$\gamma_7 = 1$　$\gamma_8 = 1$					
$\gamma_9 = 1$　$\gamma_{10} = 1$					

表 4.34　两级优先级非对称服务平均等待时间理论值与实验值

	节点号	$\overline{W}_i$		$\overline{W}_{ih}$	
		理论值	实验值	理论值	实验值
$\lambda_1 = 0.001$　$\lambda_2 = 0.003$	1	7.8620	7.7575	0.8732	0.8747
$\lambda_3 = 0.006$　$\lambda_4 = 0.010$	2	7.9226	7.8230	1.4950	1.4883
$\lambda_5 = 0.004$　$\lambda_6 = 0.010$	3	7.9665	7.9025	1.2114	1.2294
$\lambda_7 = 0.001$　$\lambda_8 = 0.005$	4	7.9781	7.9538	1.3056	1.3105
$\lambda_9 = 0.006$　$\lambda_{10} = 0.020$	5	7.9529	7.9971	1.3172	1.3295
$\lambda_h = 0.010$　$\beta_1 = 4$	6	8.0563	7.9661	1.7254	1.7125
$\beta_2 = 4$　$\beta_3 = 3$　$\beta_4 = 2$	7	7.8463	7.8060	0.3992	0.3951
$\beta_5 = 4$　$\beta_6 = 3$　$\beta_7 = 2$	8	7.9832	7.9977	1.4748	1.4641
$\beta_8 = 4$　$\beta_9 = 3$　$\beta_{10} = 2$	9	7.9665	7.9223	1.2114	1.2035
$\beta_h = 1$　$\gamma_1 = 2$　$\gamma_2 = 3$	10	8.1241	8.0329	2.0353	2.0566
$\gamma_3 = 1$　$\gamma_4 = 2$　$\gamma_5 = 2$					
$\gamma_6 = 2$　$\gamma_7 = 1$　$\gamma_8 = 1$					
$\gamma_9 = 1$　$\gamma_{10} = 1$					

从表中的理论值与实验值的数据比较可以看出，两者之间的误差较小，所以在 TinyOS 实现两级优先级非对称轮询服务得到了验证。

第四节　基于轮询系统的数据采集方案

一、点对点通信实现数据采集的形式

使用传感器节点结合无线传感器网络操作系统 TinyOS 所构成的数据采集平台，需要进行数据采集程序的设计，在此之前需要实现点对点的通信方式，即实现底端采集数据节点与汇聚节点之间的通信。因为 NesC 是一种组件化的结构语言，所以选用合适的组件来进行程序的设计。首先我们需要定义传感器的数据结构体，用于存放采集数据的节点号、数据包的个数、采集的数据等，其中节点号可以用来进行传感器节点的识别，便于快速便捷地知道数据的发送来源；从数据包的个数可以判别出传感器节点发送了多少个数据包，同时也可作为一个阈值来控制节点所发送数据包的个数。采集节点与汇聚节点之间的通信过程是利用开启节点的射频通信来建立的，其中 error_t SplitControl.start() 是用作节点上开启射频模块所调用的组件函数，而 error_t SplitControl.stop() 则是用作关闭节点上的射频模块所调用的组件函数。当采集节点采集到数据之后，可开启射频通信，即所对应的是硬件上所设置的天线，利用天线去建立射频通信，其存在的最大弊端是节点之间的通信距离较短。所以汇聚节点与采集节点之间的通信需要保持在天线可接收的最大范围之内。

采集数据的过程中可以通过设置数据包的个数来对环境参数的采集个数进行设置，但为了让采集数据的时长处在可控制的范围之内，在 TinyOS 操作系统可以应用 TimerMilliC 组件来完成设计所需。该组件可以提供循环定数、单发定时器、启动定时器、停止定时器、获取定时器状态等功能，属于 HIL 层组件。TimerMilliC 组件通过 Timer 接口输出其内部功能，Timer 接口可以带参数进行声明。用户可以使用 call 指令从 Timer 接口调用内部指令，也可以在应用组件代码页中重写 Timer 接口的内部事件响应函数 [21]。

在环境参数采集程序中所做的定时处理是：预先设置一个时间触发事件 event void Timer.fired()，在时间中则包含了环境采集触发程序，当使用 call Timer.startPeriodic(256) 这个指令对时间事件进行触发时 [22]，采集节点会根据设置的时间长度 256ms 周期性采集数据，此处的时间长度可以根据不同的需求做出相应的调整。因此采集节点就会每间隔 256ms 采集一次数据，直到采集的数据个数达到所设定的阈值。此处以温湿度数据的采集为例，其核心程序如下：

```
nx_struct echo_state {
```

```
    nx_int8_t cmd;
    nx_uint32_t seqno; /*数据包个数*/
    nx_uint32_t temperature;
    nx_uint32_t humidity;
} m_data;
    uint32_t dataT; /*存放温度*/
    uint32_t dataH; /*存放湿度*/
task void dht11_Task(); /*调用温湿度的读取函数*/
    void print_dht11()
    {
        uint8_t Sensor[4];
        ReadValue(Sensor);
        dataH=Sensor[0];
        dataT=Sensor[2];
    }
    /***********************************************
    *启动事件
    ***********************************************/
    event void Boot.booted() {
        call SplitControl.start();
        m_data.seqno=0;
        print_dht11();
    }
    task void dht11_Task()
    {
        print_dht11();
    }
    event void SplitControl.startDone(error_t e) {
        /**开启约2秒的周期性定时器(单位毫秒) Timer**/
        call Timer.startPeriodic(2048);
        /**端口绑定******************************/
        call Sock.bind(SVC_PORT);
    }
    event void SplitControl.stopDone(error_t e) {}
    /***********************************************
```

```
*Timer定时时间到事件
************************************************/
event void Timer.fired() {
    struct sockaddr_in6 dest;
    post dht11_Task();
    inet_pton6(''ff02::1'', &dest.sin6_addr);
    dest.sin6_port = htons(SVC_PORT);
    m_data.cmd=CMD_ECHO;
    m_data.seqno ++;
    m_data.temperature=dataT;
    m_data.humidity=dataH;
    call Sock.sendto(&dest, &m_data, sizeof(m_data));
    call Leds.led0Toggle();
}
/*************************************************
*接收事件，对温度、湿度数据和数据包个数进行打印
************************************************/
event void Sock.recvfrom(struct sockaddr_in6 *src,
                         void *payload,uint16_t len, struct
                         ip6_metadata *meta) {
    nx_struct echo_state *cmd=payload;
    printf(''\n'');
    printf(''   湿度:    '');
    printf(''%d'', cmd->humidity/10);
    printf(''%d'', cmd->humidity%10);
    printf(''%%RH'');
    printf(''   温度:    '');
    printf(''%d'', cmd->temperature/10);
    printf(''%d'', cmd->temperature%10);
    printf(''°C\n'');
    printf(''shuju: reply seqno: %d\n'', cmd->seqno);
    call Leds.led2Toggle();
}
```

汇聚节点在接收到数据之后，主要有两种方式可以对采集的数据进行观察：一种是串口通信，另一种是在移动终端构建相应的应用软件。为了快速便捷地对采集

的数据进行观察和分析，可以选用串口通信的方式。在使用串口通信时可以运用 PL2303 芯片的 USB 转串口方法，这样汇聚节点可以直接通过 USB 接口与移动终端相连，使用移动终端的串口调试软件即可对数据进行观察，其过程如图 4.18 所示。

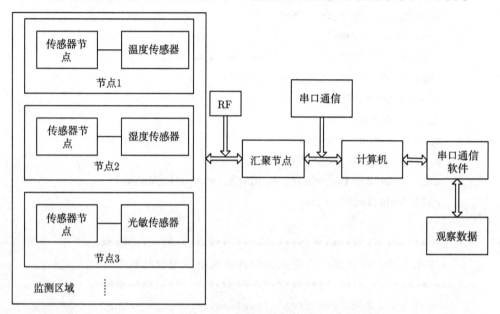

图 4.18　数据采集的过程

二、轮询系统实现数据采集

　　当点对点的通信建立好以后，则可以加入轮询的控制方式实现点对多点的通信，选择一个簇头节点作为汇聚节点，多个簇内节点作为普通的数据采集节点来构成一个分簇形式的传感器网络结构，在对数据进行服务的过程中，可以选择前面章节中对称性轮询的服务方式、非对称轮询的服务方式或是区分优先级的轮询服务方式来进行控制，具体的实现方式此处不再赘述。其控制方式如图 4.19 所示，主要是在汇聚节点上建立一个轮询服务表，轮询服务表反映了汇聚节点对底端采集数据节点的顺序，表中的节点地址和查询顺序号可以是一对多的对应关系，即一个节点可以在该次轮询中访问多次。汇聚节点与采集节点之间建立通信，为了延长采集节点的使用寿命，采集节点在没有接收到采集数据的命令时需要保持睡眠状态，然后消耗少许的能量来进行命令帧的监听，当汇聚节点向采集节点发送一个信标帧采集节点进行唤醒时，采集节点就会根据信标帧中所包含的指令去采集数据。

　　使用轮询系统控制方法的轮询控制工作流程主要如下：

　　如果该控制节点是汇聚节点，则汇聚节点会根据轮询服务表依次向采集节点发送信标帧，唤醒采集节点，接收采集节点所收集的数据，直至最后一个节点被服务完成,然后会立即跳转至第一个节点,再一次对采集节点进行服务。

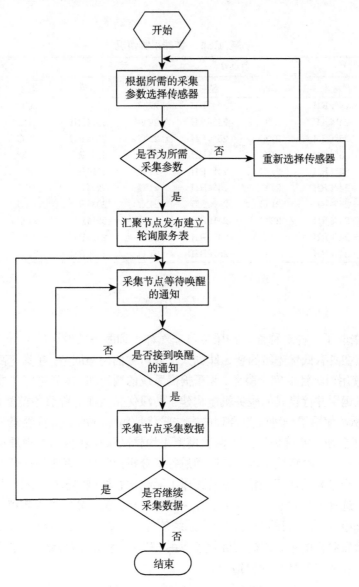

图 4.19　数据采集的工作流程图

　　如果该控制节点是采集节点,则采集节点将等待接收汇聚节点所发送的命令,一旦接收到命令,采集节点就会进入工作状态,对所需环境参数进行采集。当采集任务完成之后,采集节点就会进入睡眠侦听状态,进而转入下一节点。

　　当轮询系统的控制方式建立好以后,运用 4 个采集节点对室内的温湿度数据情况进行了采集，并对各节点采集的 10 个数据进行了统计，其采集情况如表 4.35 所示。

表 4.35　数据采集情况

节点 1		节点 2		节点 3		节点 4	
温度	湿度	温度	湿度	温度	湿度	温度	湿度
21℃	24%RH	21℃	24%RH	22℃	23%RH	20℃	23%RH
21℃	24%RH	22℃	24%RH	22℃	24%RH	21℃	23%RH
21℃	25%RH	22℃	25%RH	21℃	23%RH	21℃	24%RH
21℃	25%RH	21℃	25%RH	23℃	22%RH	21℃	24%RH
22℃	25%RH	21℃	24%RH	21℃	21%RH	23℃	23%RH
22℃	24%RH	21℃	24%RH	21℃	22%RH	21℃	22%RH
22℃	26%RH	21℃	24%RH	21℃	23%RH	21℃	22%RH
21℃	24%RH	22℃	24%RH	22℃	22%RH	21℃	22%RH
21℃	24%RH	22℃	24%RH	21℃	23%RH	21℃	23%RH
21℃	24%RH	21℃	25%RH	21℃	23%RH	22℃	23%RH

本 章 小 结

本章采取了一种对称性轮询服务与非对称轮询服务相结合的区分优先级的轮询服务，即在具有低优先级的普通队列采用非对称的门限服务，在具有高优先级的中心队列使用对称性的完全服务。为了提高系统的利用率，本章选择了非对称轮询服务，并且运用并行模式的服务机制构建了两级优先级非对称服务模型。经过大量的实验分析，使用了一种较为合理的方法较优地对系统的二阶特性量、平均等待时间进行了解析。精确地给出了两种模型平均排队队长和循环查询周期的数学表达式，同时对其二阶特性平均等待时间进行了分析，经过仿真实验与理论计算的对比，验证了模型解析的正确性。随后选择了无线传感器网络操作系统 TinyOS 作为软件平台，选择 CC2538 传感器节点作为硬件平台，采用分簇算法实现了对非对称性的轮询和区分优先级的非对称轮询系统的控制机制，从而实现了对 MAC 协议的改进。最后对轮询服务的机制进行了应用，实现了对特定区域环境中特征参数的数据采集，以此来对环境加以监控。

第五章　区分优先级的双队列多服务台
排队系统研究

第一节　经典排队模型分析

一、经典排队论概述

　　排队论 (queuing theory)，在运筹学领域又被称作随机服务系统理论，是一门主要针对服务系统中阻塞拥堵现象所呈现的随机规律进行分析研究的数学学科。它通过分析研究各种排队系统在等待接受服务时的概率特性，从而归纳出这一类系统的性能特性，为以后的系统设计和控制提供可以参考的理论依据。在日常生活和产品生产过程中，我们随处都可以看到排队现象，例如，旅客购票排队、市内电话占线等；另外，在我们的日常生活中还存在许多我们不能直接看到的排队现象，例如，等待计算机处理的程序代码、等待打印或发送的文档和图片等。

　　排队论最早是由丹麦著名的电信工程师 A. K. Erlang 在研究设计电话服务系统时提出的，20 世纪初，Erlang 首次发表了有关排队论研究的论文，在他所做的研究中，他不仅分析了话音输入服从泊松分布、呼叫持续时间固定的单线路电话服务系统，还分析了话音输入服从泊松分布、呼叫持续时间服从指数分布的多线路电话服务系统。由此便引发了广大研究人员对排队论进行深入探索的热潮。20 世纪30 年代，法国数学家 Pollaczek 和苏联数学家 Khinchin 在前人研究的基础上，以数学理论为基础，进一步深化了对排队论系统研究的进程，使模型更加多元化，理论分析更加彻底。50 年代初，英国数学家 Kendall 等在对复杂排队系统进行探索时，首次将嵌入 Markov 链应用到了模型分析中，并实现了对此类模型的建模与分析。在这之后，许多学者在碰到分析复杂排队模型时，都学会了使用嵌入 Markov 链的方法来进行求解与分析。这种研究方法的出现，使排队论的研究进入了一个新的阶段。后来，随着排队论研究的逐渐深入以及应用范围的逐渐扩大，越来越多的研究人员将排队论的研究成果运用到了其他相关领域，例如，Moran 等在研究水库蓄水放水等储存问题时，就使用了排队论方法进行分析。20 世纪中后期，随着研究模型越来越贴近实际应用，仅仅采用嵌入 Markov 链来分析此类模型已经不能实现，因此，很多学者引用了补充变量的方法和 Markov 更新过程模型作为求解此类复杂模型的补充。20 世纪 70 年代以后，随着排队模型精度的提高，在现有理论的基础上求解模型的精确解已经不能实现，因此，很多研究人员将研究重点转移到求解模型的近似解和建立相应的数学模型上来,从而使数值模拟成为现代排队论研究的主要内容。目前,排队论已经成为一门比较成熟的理论,再加上计算机技术的发展与应用,排队论的应用在各领域中发挥着意义深远的作用,并取得了颇多成果。

生活中遇到的排队系统,虽然都有自己的特点,但详细剖析每个系统,我们都能发现这些排队系统其实是由一个或者多个简单的排队模型按照一定的方式组合而成的。一般的排队系统模型如图 5.1 所示。对于一个简单的排队模型来说,它的工作原理是:服务对象 (包括信息、数据等,以下简称"顾客") 随机地到达服务系统 (数据传输网络中的传输链路),当发现服务台处于繁忙状态时,新到达的"顾客"可以选择等待接受服务或者立即离开,然而,当识别到有服务台是空闲状态时,新"顾客"则立即接受服务。通常一个简单的排队系统由以下四个部分组成。

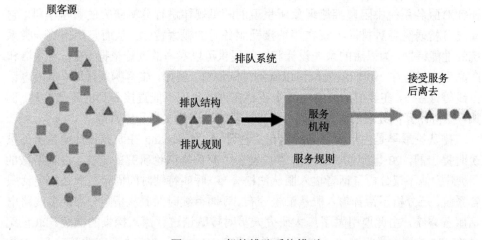

图 5.1　一般的排队系统模型

1. 输入过程

输入过程主要用来描述"顾客"的来源以及进入系统的方式,主要包括进入系统中的顾客总数、顾客到达系统的方式以及两个顾客到达的时间间隔所服从的分布规律等。其中,顾客总数按照来源是否可数分为有限来源和无限来源两种;到达方式按照同一时刻进入系统的顾客数量分为单个到达和批量到达两种;而两个顾客到达的时间间隔通常能够更好地反映输入过程的特性,一般在研究过程中都是假设时间间隔满足独立同分布,常用的有泊松分布、负指数分布和 Erlang 分布等。

2. 排队规则

排队规则主要用来说明三个问题,即服务机构能否为顾客提供排队服务、顾客愿不愿意花时间等待接受服务和系统对等待的顾客提供的服务顺序等。常见的排队规则有三种:损失制、等待制和混合制。

损失制是指新进入服务机构的顾客如果识别到系统中所有的服务台都处于忙碌状态，并且系统又明确表示不允许有任何顾客在此排队，那么它就会选择立即离开机构的排队规则。等待制是指新进入系统的顾客如果识别到系统中的所有服务台都处于忙碌状态，它也不会选择离开系统，而是选择进入等待接受服务的队列中进行排队，直到服务完成后才从系统离去的排队规则。混合制是指系统为顾客提供的排队方式既包含损失制又包含等待制。在混合制排队系统中，服务机构只能接受有限的"顾客"进行排队等待，超过系统容量的顾客将被强制离开。

采用等待制排队规则的服务系统，为顾客提供的服务方式主要有以下几类：先到先服务，即服务台为顾客提供的服务次序是根据顾客进入系统的先后时间进行的；后到先服务，即顾客以他们到达顺序的相反顺序被服务（在这种服务方式下，任意顾客的服务，都会因为队列中一个新顾客的到达而中断）；随机服务，即服务机构在服务完一个顾客之后，任意地从排队队列中选取一个接受服务；有优先级的服务，即等待接受服务的某些顾客因其有特殊性，无论处于队列的哪个位置，都具有优先接受服务的权利。

3. 服务机构

服务机构是一个排队系统为顾客提供服务的核心，是决定系统工作效率的关键所在，通常从以下几个方面进行描述：服务台的数量，按照系统中服务台数量的多少通常将系统分成单服务台和多服务台两类；顾客的排队方式，根据系统中排队队列的多少，主要分成单队列排队方式以及多队列排队方式两种；服务时间，根据顾客所需服务时间服从的分布规律来划分，通常分为负指数分布、一般分布、k 阶 Erlang 分布等。

4. 输出过程

输出过程主要用来描述顾客在接受系统提供的服务完成之后，从系统输出的方式是什么样的。根据同一时刻系统输出的顾客数目来划分，通常将其分为单个输出和成批输出。

常见的排队系统模型如图 5.2～图 5.5 所示。

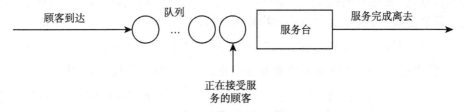

图 5.2 单队列单服务台排队系统示意图

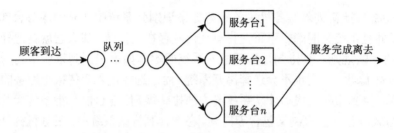

图 5.3　单队列多服务台排队系统示意图

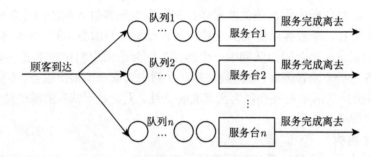

图 5.4　多队列多服务台排队系统示意图

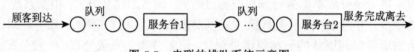

图 5.5　串联的排队系统示意图

　　系统设计者评判一个排队系统的优劣，主要是以"顾客"利益和服务机构利益两个方面为标准，通常都希望最少的资源投入能最大限度地满足顾客愿望。一方面，从服务对象角度来说，他们都希望自己能随到随服务，减少排队等待时间，因此希望增加服务台的数量；另一方面，从服务机构角度来说，增加服务台数量，就需要增加更多的投资，当顾客对象很少时，就会有服务台长时间处于闲置状态，造成资源浪费。那么在研究排队系统时，就需要较好地平衡顾客和服务机构双方的利益，通常衡量一个排队系统优劣的指标主要有：

　　排队队长：表示正在系统队列中排队等待接受服务的顾客总数；

　　等待时间：表示顾客在得到服务台服务之前，在队列中耗费的时间；

　　逗留时间：表示顾客从进入队列到服务完成，需要在系统内部停留的时间，它不仅包括在队列中等待的时间，还包括系统提供服务的时间；

　　空闲概率：表示系统中的服务台没有为顾客提供服务的概率；

　　阻塞概率：表示因系统容量已经达到最大值，新顾客无法进入系统的概率。

二、两个重要分布

1. 指数分布

定义：如果一个连续随机变量 X 的概率密度函数 (PDF) 满足式 (5.1)，则称 X 是一个参数为 $\lambda(\lambda > 0)$ 的指数分布。

$$f(x) = \begin{cases} \lambda e^{-\lambda x} & (x \geqslant 0) \\ 0 & (x < 0) \end{cases} \tag{5.1}$$

或者，等价地，它的累计分布函数 (CDF) 为

$$F(x) = \int_{-\infty}^{x} f(y)\mathrm{d}y = \begin{cases} 1 - e^{-\lambda x} & (x \geqslant 0) \\ 0 & (x < 0) \end{cases} \tag{5.2}$$

指数分布的均值 $E(x) = \lambda^{-1}$，方差 $D(x) = \lambda^{-2}$，它具有无记忆的特点。

定理：如果随机变量 X 是一个服从参数为 λ 的指数分布，那么这个随机变量就具有下面两个性质：

(1) 对于一切 $s \geqslant 0, t \geqslant 0$，有

$$P\{X > s + t \,|\, X > t\} = P\{X > s\} = e^{-\lambda s} \tag{5.3}$$

(2) 对于某个任意的、非负的且与 X 相互独立的随机变量 Y 和任意的 $s \geqslant 0$，在满足 $P\{X > Y\} > 0$ 的情况下，有

$$P\{X > Y + s \,|\, X > Y\} = P\{X > Y\} = e^{-\lambda s} \tag{5.4}$$

2. 泊松分布

定义：如果一个随机变量 X 的概率密度函数满足

$$P(X = k) = \frac{\lambda^k}{k!} e^{-\lambda} \quad (\lambda > 0; k = 0, 1, 2, \cdots) \tag{5.5}$$

那么，我们就称随机变量 X 是一个服从参数为 λ 的泊松分布。用数学符号表示是 $X \sim P(\lambda)$，泊松分布的特点是：它的数学期望 $E(x) = \lambda$，方差 $D(x) = \lambda$。

三、Little 定理

令 $N(t)$ 表示系统在 t 时刻的顾客数。N_t 表示在 $[0, t]$ 时间内系统的平均顾客数，即

$$N_t = \frac{1}{t} \int_0^t N(t)\mathrm{d}t \tag{5.6}$$

系统处于稳定状态 $(t \to \infty)$ 时，系统的平均顾客数为 $N = \lim_{t \to \infty} N_t$。

令 $\alpha(t)$ 表示在 $[0,t]$ 时间内到达系统的顾客数，那么在 $[0,t]$ 时间内顾客的平均到达率为

$$\lambda_t = \frac{\alpha(t)}{t} \tag{5.7}$$

稳态平均到达率为 $\lambda = \lim\limits_{t\to\infty} \lambda_t$。

令 T_i 表示第 i 个进入系统的顾客在系统内因等待和接受服务消耗的时间 (或者说是时延)，那么在 $[0,t]$ 时间内顾客的平均时延可以表示为

$$T_t = \frac{\sum\limits_{i=0}^{\alpha(t)} T_i}{\alpha(t)} \tag{5.8}$$

稳态的顾客平均时延为 $T = \lim\limits_{t\to\infty} T_t$。

那么，N, λ, T 的相互关系是

$$N = \lambda T \tag{5.9}$$

这就是 Little 定理。

四、Markov 链

1. Markov 过程

设有一个随机过程 $X(t)$，如果对于一个任意的时间序列 $t_1 < t_2 < \cdots < t_n, n \geqslant 3$，在给定随机变量 $X(t_1) = x_1, X(t_2) = x_2, \cdots, X(t_{n-1}) = x_{n-1}$ 的条件下，$X(t_n) = x_n$ 的分布可以表示为

$$F_{t_n,t_1,t_2,\cdots,t_{n-1}}(x_n\,|x_1,x_2,\cdots,x_{n-1}) = F_{t_n,t_{n-1}}(x_n\,|x_{n-1}) \tag{5.10}$$

那么，这个随机过程 $X(t)$ 就可以称为 Markov 过程。该过程的基本特点是无后效性。也就是说，如果已知 t_0 时刻以及之前时刻过程所处的状态，那么这个过程将来在 $t(t > t_0)$ 时刻所要呈现的状态，其实只与 t_0 时刻的过程状态有关，而与之前的状态无关。

因此，式 (5.10) 可以写为

$$F_{t,t'}(x\,|x') = P\{X(t) < x\,|X(t') < x'\} \quad (t > t') \tag{5.11}$$

2. Markov 链定义

Markov 链是 Markov 过程中最简单的一种，这类过程无论在时间取值上还是状态取值上都是呈离散的。如果我们将出现状态转移 (变化) 的时刻用 $t_1, t_2, \cdots, t_n, \cdots$ 表示，其中，在 t_n 时刻产生的转移称为第 n 次转移；并且假定每一时刻 $t_n(n =$

$1, 2, \cdots$), $X_n = X(t_n)$ 所有可能的状态的集合 S 是可数的, 即可表示为 $S = \{0, 1, 2, \cdots\}$。对应于时间序列 $t_1, t_2, \cdots, t_n, \cdots$, Markov 链的状态序列为 $i_1, i_2, \cdots, i_n, \cdots$。那么对应于式 (5.10) 有

$$P\{X_n = i_n \,|\, X_{n-1} = i_{n-1}, \cdots, X_1 = i_1\} = P\{X_n = i_n \,|\, X_{n-1} = i_{n-1}\} \qquad (5.12)$$

它表示的是在给定 $X_{n-1} = i_{n-1}$ 的条件下, 第 n 次转移 (变化) 出现 i_n 的概率。如果该概率与 n 取值无关 (也就是说, 与哪一次转移无关, 只与转移前和转移后的状态有关), 那么该 Markov 链是齐次 Markov 链; 否则是非齐次 Markov 链。

五、 几种常见的排队模型

1. $M/M/1$ 排队系统

$M/M/1$ 排队系统由一个队列和一个服务台组成 (对于通信系统而言, 服务台即传输线路), 如图 5.6 所示。顾客以到达率为 λ 的泊松过程进入系统, 系统允许排队的队长是无限的 (即系统的缓存容量无限大); 同时服务每个顾客所需时间的概率分布是平均值为 $\frac{1}{\mu}$s 的指数分布。其中, 顾客到达与服务台提供服务是互不影响的两个独立过程。

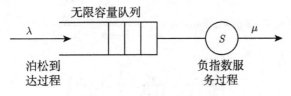

无限容量队列

泊松到达过程   负指数服务过程

图 5.6 $M/M/1$ 排队系统

该排队系统的工作方式是: 当顾客进入一个服务系统时, 如果识别到服务台呈现的是空闲状态, 那么顾客就直接得到服务; 如果识别到服务台处于忙碌状态, 那么顾客就加入排队 (即在队列中等待)。当服务台结束了对一个顾客的服务时, 这个顾客就离开系统, 而队列中如果有顾客等待, 则下一个顾客进入服务。其状态转移示意图如图 5.7 所示。

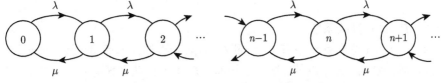

图 5.7 $M/M/1$ 排队系统状态转移示意图

假设系统处于稳定状态时的概率为 P_n, 在这里 n 表示系统所处状态。由此可

以列出系统的平衡方程为

$$
\begin{cases}
-\lambda P_0 + \mu P_1 = 0 & (n = 0) \\
\lambda P_{n-1} + \mu P_{n+1} - (\lambda + \mu)P_n = 0 & (n \geqslant 1)
\end{cases}
\tag{5.13}
$$

此外，由于 P_n 为状态 n 的概率，因而必有 $\sum\limits_{n=0}^{\infty} P_n = 1$。

因此，得到系统的稳态概率为

$$
\begin{cases}
P_0 = 1 - \rho \\
P_n = (1-\rho)\rho^n & (n \geqslant 1)
\end{cases}
\tag{5.14}
$$

其中 $\rho = \dfrac{\lambda}{\mu}$ 表示系统的繁忙程度。

通过求解出的系统稳态概率，即可得到这一类系统的如下参数：

系统中的平均顾客数为

$$
\begin{aligned}
N &= \sum_{n=0}^{\infty} nP_n = \sum_{n=1}^{\infty} n(1-\rho)\rho^n \\
&= (\rho + 2\rho^2 + 3\rho^3 + \cdots) - (\rho^2 + 2\rho^3 + \cdots) \\
&= \rho + \rho^2 + \rho^3 + \cdots = \frac{\rho}{1-\rho} = \frac{\lambda}{\mu - \lambda}
\end{aligned}
\tag{5.15}
$$

顾客的平均时延为

$$
T = \frac{N}{\lambda} = \frac{\rho}{1-\rho} \cdot \frac{1}{\lambda} = \frac{1}{\mu - \lambda}
\tag{5.16}
$$

每个顾客平均等待时间为

$$
W = T - W_{服务} = T - \frac{1}{\mu} = \frac{\lambda}{\mu(\mu - \lambda)} = \frac{\rho}{\mu - \lambda} = \frac{\rho}{\mu(1-\rho)}
\tag{5.17}
$$

系统中的平均队长为

$$
N_q = \lambda W = \frac{\lambda^2}{\mu(\mu - \lambda)} = \frac{\lambda}{\mu} \cdot \frac{\rho}{1-\rho} = \frac{\rho^2}{1-\rho}
\tag{5.18}
$$

2. $M/M/m$ 排队系统

在 $M/M/m$ 排队系统中有 m 个服务台 (对于数据传输而言，就是传输线上有 m 条传输通道)，除这点以外，这类系统和 $M/M/1$ 排队系统基本是一样的。当位于队列最前端的 "顾客" 识别到系统中有服务台是处于闲置状态时，那么该顾客就会进入这个闲置的服务台得到相应的服务。其状态转移示意图如图 5.8 所示。

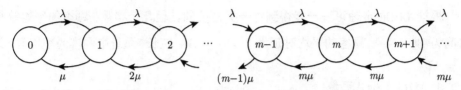

图 5.8 $M/M/m$ 排队系统状态转移示意图

系统的稳态方程为

$$
\begin{cases}
\mu P_1 = \lambda P & (n = 0) \\
(n+1)\mu P_{n+1} + \lambda P_{n-1} = (\lambda + n\mu)P_n & (1 \leqslant n \leqslant m) \\
m\mu P_{n+1} + \lambda P_{n-1} = (\lambda + m\mu)P_n & (n \geqslant m)
\end{cases}
\tag{5.19}
$$

结合条件 $\displaystyle\sum_{n=0}^{\infty} P_n = 1$(概率的和为 1),我们可得到

$$
P_0 = \left[\sum_{k=0}^{m-1} \frac{1}{k!}\rho^k + \sum_{n=m}^{\infty} \frac{1}{m!m^{n-m}}\rho^n \right]^{-1}
\tag{5.20}
$$

$$
P_n = \begin{cases}
\dfrac{1}{n!}\rho^n P_0 & (n \leqslant m) \\[2mm]
\dfrac{1}{m!m^{n-m}}\rho^n P_0 & (n > m)
\end{cases}
\tag{5.21}
$$

在这一类系统中,到达的"顾客"识别到所有的服务台都处于繁忙状态而被迫在队列中等待的概率是衡量 $M/M/m$ 排队系统性能的一个重要参数。因此,当系统中顾客的总数不少于服务台的数量 m 时,顾客就需要排队等待,直到有服务台空闲才能得到服务,其等待概率为

$$
P_q = P(n \geqslant m) = \sum_{n=m}^{\infty} P_n = \frac{\rho^m}{m!(1-\rho_s)}P_0
\tag{5.22}
$$

其中 $\rho_s = \dfrac{\rho}{m} = \dfrac{\lambda}{m\mu}$,根据式 (5.21),我们还可以得到,系统中平均正接受服务的顾客数 (即正处于繁忙状态的服务台数量) 为

$$
\overline{m} = \sum_{n=0}^{m-1} nP_n + m\sum_{n=m}^{\infty} P_n = \rho
\tag{5.23}
$$

正在排队的顾客数为

$$
N_q = \sum_{n=0}^{\infty} nP_{n+m} = \frac{P_0\rho^m}{m!}\sum_{n=0}^{\infty} n\left(\frac{\rho}{m}\right)^n = \frac{P_0\rho^m}{m!}\sum_{n=0}^{\infty} n\rho_s^n
\tag{5.24}
$$

根据 Little 定理可进一步得到这一类系统的其他几个参数: 顾客的平均等待时间为 $W = \dfrac{N_q}{\lambda}$, 顾客的平均时延为 $T = \dfrac{1}{\mu} + W$, 队长 (系统中顾客的平均数) 为 $N = \lambda T$。

3. $M/G/1$ 排队系统

在这一类系统中, 顾客到达系统的过程是一个参数为 λ 的泊松过程, 而顾客接受服务所需时间符合的是一个普通的概率分布函数 (在这类模型中不要求必须符合指数分布)。假设系统为顾客提供的服务规则是先到先服务, 并且用 X_i 来表示服务台为第 i 个到达系统的顾客提供的服务时间。在这里, 我们还假设随机变量 $(X_1, X_2, \cdots)$ 具有相同的概率分布, 并且任意两个相互独立。

定义:

平均服务时间为 $\overline{X} = E\{X\} = \dfrac{1}{\mu}$;

服务时间的二阶矩为 $\overline{X^2} = E\{X^2\}$;

第 i 个顾客在队列中的滞留时间为 W_i;

对第 i 个顾客而言的残留服务时间 (在这里是指第 i 个顾客到达时, 正在接受服务的顾客还需要持续的服务时间) 为 R_i;

当第 i 个顾客进入系统的时候, 队列中顾客的数目为 N_i。

因此我们可以得到

$$W_i = R_i + \sum_{j=i-N_j}^{i-1} X_j \tag{5.25}$$

当 $i \to \infty$ 时, 由于 $(X_1, X_2, \cdots)$ 相互独立, 所以我们可以得到

$$W = R + \frac{1}{\mu} N_q \tag{5.26}$$

其中 W、R、N_q 分别表示第 i 个顾客的平均等待时间、残留时间和先于它到达系统并在队列中排队等待的顾客数目。根据 Little 定理中 $N_q = \lambda W$, 所以有

$$W = \frac{R}{1 - \rho} \tag{5.27}$$

平均残留时间 R 可以通过图形法计算, 残留服务时间 $r(\tau)$ 的函数图像如图 5.9 所示。

$$\frac{1}{t} \int_0^t r(\tau) \mathrm{d}\tau = \frac{1}{t} \sum_{i=1}^{M(t)} \frac{1}{2} X_i^2 = \frac{1}{2} \frac{M(t)}{t} \frac{\sum_{i=1}^{M(t)} X_i^2}{M(t)} \tag{5.28}$$

当极限存在时，就有 $\lambda = \lim\limits_{t\to\infty} \dfrac{M(t)}{t}$，$\overline{X^2} = \lim\limits_{t\to\infty} \dfrac{\sum\limits_{i=1}^{M(t)} X_i^2}{M(t)}$，所以有 $R = \dfrac{1}{2}\lambda\overline{X^2}$，代入式 (5.27) 有

$$W = \frac{\lambda\overline{X^2}}{2(1-\rho)} \tag{5.29}$$

在进行上述推导时，我们还对以下两个问题进行了假设：存在稳态时的平均值 W、R、N_q；各个参数长时间的平均值等于对应参数的整体平均值。

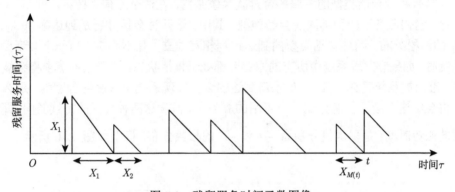

图 5.9　残留服务时间函数图像

第二节　具有两种会话类型的多服务台排队系统分析

随着现代通信技术的快速发展，如果一个通信系统只能满足一种类型的业务需要，那么这种系统是不会有很好的应用前景的，特别是随着三网融合的出现，一个通信系统具有多业务处理能力已经成为最低要求。但是，通信系统功能的多样化将会加重通信系统的排队拥挤现象，因此，我们在研究一个多业务通信系统时，就必须要充分了解系统中的排队现象。一个通信系统的排队现象是否严重，通常会影响到该系统的设计与控制管理等。然而，研究系统的排队现象，其实就是研究系统的网络延迟。

在一个通信子网中造成网络延迟主要有四个方面的原因：处理延迟 (process delay)、排队延迟 (queuing delay)、传输延迟 (transmission delay) 和传播延迟 (propagation delay)。在这四种延迟中，处理延迟主要受发送节点的物理特性影响，当假设通信节点的计算能力是无限大时，则处理延迟与通信节点所要处理的通信量无关。传播延迟主要取决于传输线路的物理特性，一般情况下，传输线路越长，造成的传播延迟就会越严重。因此，研究通信系统的网络延迟主要就是研究由排队现象

造成的排队延迟和传输延迟。目前，很多学者已经就单种会话类型通信系统的网络延迟进行了详细研究，但很少有学者对多种会话类型的通信系统进行研究。

为此，针对以上四种延迟，着重分析具有两种会话类型的多服务台通信系统的排队延迟，并采用拟生灭过程、二维 Markov 链进行建模分析，通过推导得到了该排队网络中不同会话类型的平均用户数和阻塞率的精确解析式，最后通过 MATLAB 仿真实验验证了理论分析的正确性。

一、系统模型描述

具有两种会话类型的多服务台排队系统是指，在这个通信系统中，有 N 个服务台，它们服务于两种不同的会话类型，其中，这两种会话分别是到达率为 λ_1 和 λ_2 的泊松分布，两种会话类型的到达过程相互独立、互不影响。当一个会话到达系统时，如果它发现系统中所有的服务台都处于繁忙状态，这个服务请求将会被封锁，继而被系统丢弃；相反，如果新到达的会话发现系统中有服务台空闲，那么系统将会给这个会话任意分配一个可用的服务台。假设这两种会话的持续时间 (即需要的服务时间) 是平均值分别为 $\frac{1}{\mu_1}$ 和 $\frac{1}{\mu_2}$ 的指数分布，模型如图 5.10 所示。

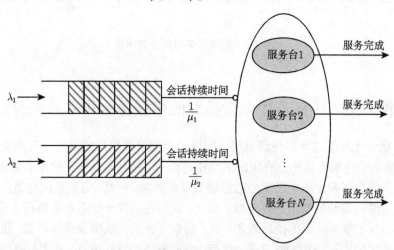

图 5.10   具有两种会话类型的多服务台排队系统模型示意图

在实际的通信系统中，电路交换系统就是一个具有多条独立电路，且每条电路具有相同传输能力的传输线系统，该系统服务于不同的会话类型。图 5.11 是电话交换机工作示意图，它是电路交换系统的一种运用，与上面的模型比较，该电话交换机是一个具有多种会话类型的多服务台通信系统。这里每一条电路就等同于一个服务台，每一种会话类型就代表一个终端设备，因此研究 "具有两种会话类型的多服务台通信系统模型" 具有一定的实际意义。

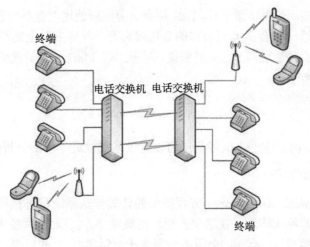

图 5.11 电话交换机工作示意图

二、模型分析

通过对这一类通信系统的描述，以及将它与 $M/M/1$ 排队模型相比较，我们可以知道，该模型是一个二维的 Markov 链，也就是说，该模型是一个由两个独立的 $M/M/1$ 队列组成的系统的扩充，其状态转移图如图 5.12 所示。其中 (n_1, n_2) 表示

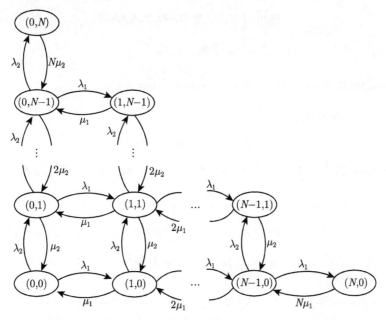

图 5.12 具有两种会话类型的排队系统的 Markov 链模型

系统所处的状态，n_i 表示第 $i(i = 1, 2)$ 种会话类型所使用的服务台数目，水平方向上的箭头表示第一种会话类型顾客的到达或离开，垂直方向上的箭头表示第二种会话类型顾客的到达或离开。一般来说，对于二维 Markov 链，我们可以写出静态分布的全局平衡方程：

$$p(n_1, n_2), \quad n_1 \geqslant 0, n_2 \geqslant 0, n_1 + n_2 \leqslant N \tag{5.30}$$

求出式 (5.30) 的数值解，我们就可以对该系统做进一步的分析研究。

三、系统的稳态方程

根据 Chapman-Kolmogorov 方程提供的计算排队系统稳态概率的方法，我们可以列出模型的稳态方程，在这里，我们用概率 p_{n_1,n_2} 表示系统中有 n_1 个服务台服务于会话类型 1，有 n_2 个服务台服务于会话类型 2 的概率，并将这种状态用 (n_1, n_2) 表示，那么在该模型中，共有 $\dfrac{(N+1)(N+2)}{2}$ 个状态，所以可以列出 $\dfrac{(N+1)(N+2)}{2}$ 个不同的方程，这些方程可以分为 7 类，如式 (5.31)~式 (5.37)。

状态 $(0, 0)$，平衡方程为

$$p_{0,0}(\lambda_1 + \lambda_2) = p_{1,0}\mu_1 + p_{0,1}\mu_2 \tag{5.31}$$

状态 $(0, n_2)$，其中 $1 \leqslant n_2 \leqslant N - 1$，平衡方程为

$$p_{0,n_2}(n_2\mu_2 + \lambda_1 + \lambda_2) = p_{1,n_2}\mu_1 + p_{0,n_2+1}(n_2 + 1)\mu_2 + p_{0,n_2-1}\lambda_1 \tag{5.32}$$

状态 $(0, N)$，平衡方程为

$$p_{0,N}N\mu_1 = p_{0,N-1}\lambda_1 \tag{5.33}$$

状态 (n_1, n_2)，其中 $1 \leqslant n_1 \leqslant N - 2$，$1 \leqslant n_2 \leqslant N - n_1 - 1$，平衡方程为

$$\begin{aligned} &p_{n_1,n_2}(n_1\mu_1 + n_2\mu_2 + \lambda_1 + \lambda_2) \\ &= p_{n_1+1,n_2}(n_1 + 1)\mu_1 + p_{n_1,n_2+1}(n_2 + 1)\mu_2 + p_{n_1-1,j}\lambda_1 + p_{n_1,n_2-1}\lambda_2 \end{aligned} \tag{5.34}$$

状态 $(n_1, N - n_1)$，其中 $1 \leqslant n_1 \leqslant N - 1$，平衡方程为

$$p_{n_1,N-n_1}(n_1\mu_1 + (N - n_1)\mu_2) = p_{n_1-1,N-n_1}\lambda_1 + p_{n_1,N-n_1-1}\lambda_2 \tag{5.35}$$

状态 $(n_1, 0)$，其中 $1 \leqslant n_1 \leqslant N - 1$，平衡方程为

$$p_{n_1,0}(n_1\mu_1 + \lambda_1 + \lambda_2) = p_{n_1+1,0}(n_1 + 1)\mu_1 + p_{n_1,1}\mu_2 + p_{n_1-1,0}\lambda_1 \tag{5.36}$$

状态 $(N, 0)$，平衡方程为

$$p_{N,0} N \mu_1 = p_{N-1,0} \lambda_1 \tag{5.37}$$

因为系统所有状态的稳态概率的和为 1，所以有

$$\sum_{n_2=0}^{N} \sum_{n_1=0}^{N-n_2} p_{n_1,n_2} = 1 \tag{5.38}$$

如果令

$$\boldsymbol{P} = (p_{0,0} \quad p_{0,1} \quad p_{0,2} \quad \cdots \quad p_{0,N} \quad p_{1,0} \quad p_{1,1} \quad \cdots \quad p_{1,N} \quad \cdots \quad p_{N-1,0} \quad p_{N-1,1} \quad p_{N,0})^{\mathrm{T}} \tag{5.39}$$

$$\boldsymbol{m}_1 = \left(\lambda_1 + \lambda_2 \quad -\mu_2 \quad \underbrace{0 \cdots \cdots 0}_{N-1} \quad -\mu_1 \quad \underbrace{0 \cdots \cdots 0}_{\frac{(N+2)(N-1)}{2}} \right) \tag{5.40}$$

那么，式 (5.31) 可以写为

$$\boldsymbol{m}_1 \boldsymbol{P} = \boldsymbol{0} \tag{5.41}$$

将式 (5.31)~式 (5.36) 和式 (5.38) 合并，并用矩阵表示可写为

$$\boldsymbol{M} \boldsymbol{P} = \boldsymbol{B} \tag{5.42}$$

其中 $\boldsymbol{M}$ 是一个 $\dfrac{(N+1)^2(N+2)^2}{4}$ 的矩阵，$\boldsymbol{B} = \left(\underbrace{0 \cdots \cdots 0}_{\frac{(N+1)(N+2)}{2}-1} \quad 1 \right)^{\mathrm{T}}$ 是一个 $\dfrac{(N+1)(N+2)}{2}$ 的列向量。

通过矩阵运算可得到这一类系统的概率向量为

$$\boldsymbol{P} = \boldsymbol{M}^{-1} \boldsymbol{B} \tag{5.43}$$

四、不同会话类型的平均用户数和阻塞率

根据系统的稳态概率，我们可以得到会话类型 1 的平均用户数 $E(N_1)$ 和会话类型 2 的平均用户数 $E(N_2)$ 分别为

$$E(N_1) = \sum_{n_2=0}^{N} \sum_{n_1=0}^{N-n_2} n_1 p_{n_1,n_2} \tag{5.44}$$

$$E(N_2) = \sum_{n_2=0}^{N} \sum_{n_1=0}^{N-n_2} n_2 p_{n_1,n_2} \tag{5.45}$$

在这里，平均用户数是指每种会话类型占用的服务台数量，也就是每种会话队列最前端的顾客需要等待的顾客数。

我们定义阻塞率为：当有新会话到达时，由于所有服务台都处于工作状态，不能立即为其提供服务的概率。这样根据阻塞率的定义，我们知道，当新会话到达并且所有服务台都在工作时，系统才会产生阻塞，同时，我们还可以知道会话类型 1 的阻塞率 P_1 和会话类型 2 的阻塞率 P_2 相等。

$$P_1 = P_2 = \sum_{n_1=0}^{N} p_{n_1, N-n_1} \tag{5.46}$$

然而，通过式 (5.43) 求解系统的稳态概率比较复杂，而且很难得出精确的解析式，因此利用 Jackson 定理，将会话类型 1 和会话类型 2 当作两个相互独立的 $M/M/\infty$ 的队列，在 $M/M/\infty$ 排队系统中，稳态概率 $p_n = \dfrac{(1-\rho)\rho^n}{n!}$，$n = 0, 1, 2, \cdots$，其中 $\rho = \dfrac{\lambda}{\mu}$ 表示服务强度。因此可将这类系统的每一个状态的稳态概率写为

$$p_{n_1, n_2} = \frac{1}{G} \left(\frac{(1-\rho_1)\rho_1^{n_1}}{n_1!} \times \frac{(1-\rho_2)\rho_2^{n_2}}{n_2!} \right) \tag{5.47}$$

其中

$$G = \sum_{n_2=0}^{N} \sum_{n_1=0}^{N-n_2} \left(\frac{(1-\rho_1)\rho_1^{n_1}}{n_1!} \times \frac{(1-\rho_2)\rho_2^{n_2}}{n_2!} \right) \tag{5.48}$$

是一个归一化常数，ρ_1 和 ρ_2 分别表示会话类型 1 和会话类型 2 的服务强度。将式 (5.47) 进行简化得

$$p_{n_1, n_2} = \frac{\dfrac{\rho_1^{n_1}}{n_1!} \times \dfrac{\rho_2^{n_2}}{n_2!}}{\displaystyle\sum_{j=0}^{N} \sum_{i=0}^{N-j} \left(\frac{\rho_1^i}{i!} \times \frac{\rho_2^j}{j!} \right)} \tag{5.49}$$

所以式 (5.44)~式 (5.46) 可以写为

$$E(N_1) = \sum_{n_2=0}^{N} \sum_{n_1=0}^{N-n_2} n_1 \frac{\dfrac{\rho_1^{n_1}}{n_1!} \times \dfrac{\rho_2^{n_2}}{n_2!}}{\displaystyle\sum_{j=0}^{N} \sum_{i=0}^{N-j} \left(\frac{\rho_1^i}{i!} \times \frac{\rho_2^j}{j!} \right)} \tag{5.50}$$

$$E(N_2) = \sum_{n_2=0}^{N} \sum_{n_1=0}^{N-n_2} n_2 \frac{\dfrac{\rho_1^{n_1}}{n_1!} \times \dfrac{\rho_2^{n_2}}{n_2!}}{\displaystyle\sum_{j=0}^{N} \sum_{i=0}^{N-j} \left(\frac{\rho_1^i}{i!} \times \frac{\rho_2^j}{j!} \right)} \tag{5.51}$$

$$P_1 = P_2 = \sum_{n_1=0}^{N} \frac{\dfrac{\rho_1^{n_1}}{n_1!} \times \dfrac{\rho_2^{N-n_1}}{(N-n_1)!}}{\displaystyle\sum_{j=0}^{N} \sum_{i=0}^{N-j} \left(\dfrac{\rho_1^i}{i!} \times \dfrac{\rho_2^j}{j!} \right)} \tag{5.52}$$

五、 仿真实验分析

在以上分析的基础上，对这一类通信系统的数学模型进行了编程仿真，实验以 MATLAB 作为仿真软件。假设系统处于理想状态，取 $\lambda_1 = 1$，$\mu_1 = 0.05$，$\mu_2 = 0.04$，N 分别取 20、15、13，其仿真结果如图 5.13~图 5.15 所示。

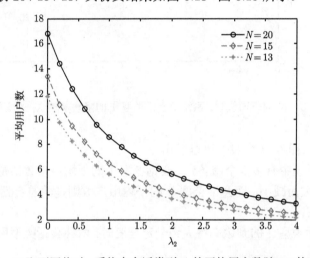

图 5.13 N 取不同值时，系统中会话类型 1 的平均用户数随 λ_2 的变化曲线

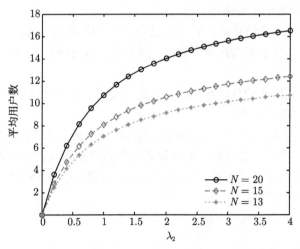

图 5.14 N 取不同值时，系统中会话类型 2 的平均用户数随 λ_2 的变化曲线

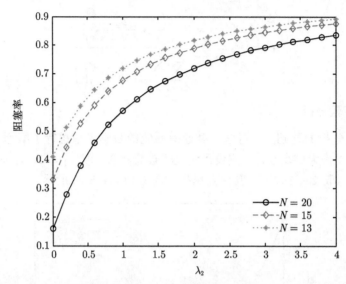

图 5.15 N 取不同值时,系统中会话类型 1 的阻塞率随 λ_2 的变化曲线

从图 5.13、图 5.14 中我们可以看出:

(1) 无论系统中有多少个服务台,会话类型 1 的平均用户数都是随着会话类型 2 的到达率增大而减小,而会话类型 2 的平均用户数则是随着会话类型 2 的到达率增大而增大;

(2) 当会话类型 2 的到达率增大到一定程度时,两种会话类型所使用的服务台数量趋于稳定;

(3) 两种会话类型使用的服务台数量之和小于等于 N,即 $E(N_1)+E(N_2) \leqslant N$。

从图 5.15 中我们可以看出:

(1) 会话类型 1 的阻塞率随着会话类型 2 的到达率增大而增大;

(2) 当会话类型 2 的到达率不变时,服务台的数量越多,会话类型 1 的阻塞率就越小;

(3) 当会话类型 2 的到达率增大到一定程度时,无论有多少个服务台,会话类型 1 的阻塞率都趋于恒定。

同时,通过仿真,我们还可以知道,当给定一个通信系统的阻塞率阈值时,我们可以通过进行上述仿真实验,来衡量系统所需要的服务台数量和系统所能承受会话的最大到达率之间的关系,从而实现以最合理的服务台数量最大化地满足各种会话类型顾客的需要。

第三节　区分优先级的双队列排队系统分析

一、区分优先级的双队列单服务台排队模型分析

1. 模型描述

系统中有 1 个服务台，顾客分两个队列排队，这两个队列具有不同的优先级，在这里我们定义优先级高的顾客为一级用户，优先级低的顾客为普通用户，每个队列的顾客到达过程都服从泊松到达过程，其中，一级用户和普通用户的到达率分别为 λ_p 和 λ_c。并且顾客的服务过程均为指数过程，且一级用户的服务率为 μ_p，普通用户的服务率为 μ_c。当有一级用户到达，而普通用户正在接受服务台服务时，则一级用户以概率 $p(0 \leqslant p \leqslant 1)$ 优先使用服务台。其模型如图 5.16 所示。

(1) 当 $p = 0$ 时，表示一级用户和普通用户具有相同的优先级，此时如果普通用户正在使用服务台，一级用户则没有权利使用服务台，普通用户不丢失；

(2) 当 $0 < p < 1$ 时，表示一级用户具有部分优先级，此时如果普通用户正在使用服务台，一级用户则以概率 p 优先使用服务台，普通用户丢失；

(3) 当 $p = 1$ 时，表示一级用户具有完全优先级，此时如果普通用户正在使用服务台，则立即让出服务台供一级用户使用，普通用户丢失。

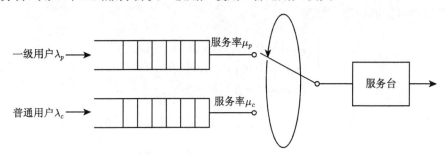

图 5.16　区分优先级的双队列单服务台排队模型示意图

当有一级用户到达而普通用户正在接受服务台服务时，一级用户以概率 p 优先使用服务台，普通用户丢失，

其中 $0 \leqslant p \leqslant 1$

2. 状态转移模型

通过对区分优先级的双队列单服务台通信网络模型的描述，以及将该模型与 $M/M/1$ 排队模型相比较，我们可以得出，该模型的状态转变过程也符合 Markov 过程，为此，可以采用拟生灭过程和矩阵分析法来分析该排队系统。

设当系统达到稳定状态时，我们用 (i,j) 表示服务台所处的状态，概率 $p_{i,j}$ 表示服务台呈现状态 (i,j) 时的稳态概率，i，j 取 0 或 1，但不能同时取 1，因为服务台只有一个，其中，i 取 1 表示服务台正在为一级用户提供服务，i 取 0 表示服务台

没有为一级用户提供服务 (也就是说服务台处于空闲或者正在为普通用户服务)；j 取 1 表示服务台正在为普通用户提供服务，j 取 0 表示服务台没有为普通用户提供服务 (也就是说服务台处于空闲或者正在为一级用户服务)。状态 $(0,1)$ 转变为状态 $(1,0)$，表示服务台由服务普通用户转变为服务一级用户，在这里设转变速率为 λ_i，那么 λ_i 属于 $(0, \lambda_p)$，根据模型描述可得出 $\lambda_i = p\lambda_p$。其状态转移过程如图 5.17 所示。

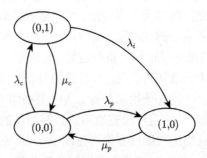

图 5.17　区分优先级的双队列单服务台排队模型的状态转移过程

3. 系统的稳态方程

根据 Chapman-Kolmogorov 方程提供的计算排队系统转移概率的方法，我们可以得到模型的稳态方程为

$$
\begin{cases}
p_{0,0}(\lambda_p + \lambda_c) = p_{0,1}\mu_c + p_{1,0}\mu_p \\
p_{0,1}(\lambda_i + \mu_c) = p_{0,0}\lambda_c \\
p_{1,0}\mu_p = p_{0,0}\lambda_p + p_{1,0}\lambda_i
\end{cases}
\tag{5.53}
$$

在这里 $\lambda_i = p\lambda_p$，结合 $p_{0,0} + p_{0,1} + p_{1,0} = 1$，整理式 (5.53) 可得

$$
\begin{pmatrix}
\lambda_p + \lambda_c & -\mu_c & -\mu_p \\
-\lambda_c & \lambda_i + \mu_c & 0 \\
1 & 1 & 1
\end{pmatrix}
\begin{pmatrix}
p_{0,0} \\
p_{0,1} \\
p_{1,0}
\end{pmatrix}
=
\begin{pmatrix}
0 \\
0 \\
1
\end{pmatrix}
\tag{5.54}
$$

如果记

$$
\boldsymbol{M} =
\begin{pmatrix}
\lambda_p + \lambda_c & -\mu_c & -\mu_p \\
-\lambda_c & \lambda_i + \mu_c & 0 \\
1 & 1 & 1
\end{pmatrix}
\tag{5.55}
$$

$$
\boldsymbol{P} = (p_{0,0} \quad p_{0,1} \quad p_{1,0})^{\mathrm{T}}
\tag{5.56}
$$

$$
\boldsymbol{B} = (0 \quad 0 \quad 1)^{\mathrm{T}}
\tag{5.57}
$$

则有

$$MP = B \tag{5.58}$$

通过矩阵运算得到

$$P = M^{-1}B \tag{5.59}$$

根据式 (5.59) 求解得到的稳态概率为

$$p_{0,0} = \frac{\mu_p(p\lambda_p + \mu_c)}{p\lambda_p^2 + \lambda_p\mu_c + p\lambda_p\lambda_c + p\lambda_p\mu_p + \mu_p\mu_c + \lambda_c\mu_p} \tag{5.60}$$

$$p_{0,1} = \frac{\mu_p\lambda_c}{p\lambda_p^2 + \lambda_p\mu_c + p\lambda_p\lambda_c + p\lambda_p\mu_p + \mu_p\mu_c + \lambda_c\mu_p} \tag{5.61}$$

$$p_{1,0} = \frac{\lambda_p(p\lambda_p + \mu_c + p\lambda_c)}{\lambda_p(p\lambda_p + \mu_c + p\lambda_c) + \mu_p(p\lambda_p + \mu_c + \lambda_c)} \tag{5.62}$$

根据式 (5.60)~式 (5.62)，我们可以求出模型的用户阻塞率和用户丢失率。用户阻塞率定义为用户到达时因为服务台正在为其他用户提供服务而不能为其立即提供服务的概率，分为一级用户阻塞率 (P_{b1}) 和普通用户阻塞率 (P_{b2})。用户的丢失率定义为用户的丢失速率与用户的接收速率之比，从状态转移图可以看出一级用户的丢失率为 0，而普通用户的丢失率 (P_L) 不一定为 0，只有当 p 为 0 时，普通用户的丢失率才可能为 0。

根据上面所述的参数定义，我们能够得到如下表达式：

一级用户的阻塞率为

$$
\begin{aligned}
P_{b1} &= p_{1,0} + p_{0,1}(1-p) \\
&= \frac{p\lambda_p^2 + \lambda_p\mu_c + p\lambda_p\lambda_c + \lambda_c\mu_p - p\mu_p\lambda_c}{p\lambda_p^2 + \lambda_p\mu_c + p\lambda_p\lambda_c + p\lambda_p\mu_p + \mu_p\mu_c + \lambda_c\mu_p}
\end{aligned} \tag{5.63}
$$

普通用户的阻塞率为

$$
\begin{aligned}
P_{b2} &= p_{1,0} + p_{0,1} = 1 - p_{0,0} \\
&= \frac{p\lambda_p^2 + \lambda_p\mu_c + p\lambda_p\lambda_c + \lambda_c\mu_p}{p\lambda_p^2 + \lambda_p\mu_c + p\lambda_p\lambda_c + p\lambda_p\mu_p + \mu_p\mu_c + \lambda_c\mu_p}
\end{aligned} \tag{5.64}
$$

普通用户的丢失率

$$
\begin{aligned}
P_L &= \frac{普通用户的丢失速率}{普通用户的接收速率} \\
&= \frac{p_{0,1}p\lambda_p}{p_{0,0}\lambda_c} = \frac{p\lambda_p}{p\lambda_p + \mu_c}
\end{aligned} \tag{5.65}
$$

4. 模型仿真分析

在以上分析的基础上，对区分优先级的双队列单服务台排队模型进行 MATLAB 仿真。

首先，假设模型处于理想状态且 p 固定，讨论模型性能与一级用户到达系统的速率的关系。设普通用户的到达率 $\lambda_c = 1$，服务率 $\mu_c = 3$；一级用户的服务率 $\mu_p = 2$(通常情况下，一级用户一般都是特权用户，所以服务率往往比普通用户低)。通过仿真，我们能较好地得到一级用户的阻塞率 (P_{b1})、普通用户的阻塞率 (P_{b2})、普通用户的丢失率 (P_L) 与一级用户的到达率 (λ_p) 的关系曲线，如图 5.18～图 5.20 所示。

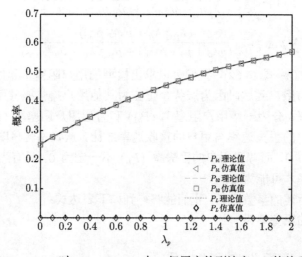

图 5.18　$p = 0$ 时，P_{b1}, P_{b2}, P_L 与一级用户的到达率 λ_p 的关系曲线

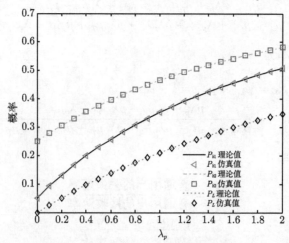

图 5.19　$p = 0.8$ 时，P_{b1}, P_{b2}, P_L 与一级用户的到达率 λ_p 的关系曲线

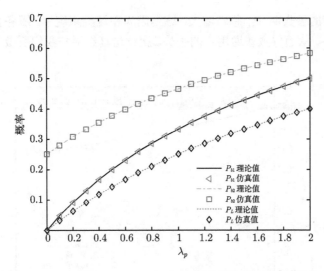

图 5.20　$p = 1$ 时，P_{b1}, P_{b2}, P_L 与一级用户的到达率 λ_p 的关系

从图 5.18~图 5.20 可以看出，一级用户的阻塞率、普通用户的阻塞率、普通用户的丢失率都会随着一级用户的到达率的增加而增加。当 $p = 0$ 时，两类用户的阻塞率是相等的，并且此时普通用户的丢失率为 0，因为当 $p = 0$ 时，表示一级用户与普通用户具有相同的优先级，所以两类用户的阻塞率相等，同时服务台在服务普通用户时不会因为一级用户的到达而终止服务，所以普通用户的丢失率为 0，从式 (5.63)~式 (5.65) 也可以得出此结论；当 $p = 0.8$，即一级用户具有部分优先级时，一级用户的阻塞率是明显小于普通用户的，并且当 $\lambda_p = 0$ 时，普通用户的丢失率为 0，也就是说系统中不存在一级用户，普通用户不会发生丢失，这些性质与我们上一节所做的理论分析是相符的；当 $p = 1$，即一级用户具有绝对优先级时，一级用户的阻塞率也明显小于普通用户的，并且在这种情况下，$P_{b1} = \dfrac{\lambda_p}{\lambda_p + \mu_p}$，$P_L = \dfrac{\lambda_p}{\lambda_p + \mu_c}$，因此，当 $\mu_p = \mu_c$ 时，P_{b1}, P_L 与一级用户的到达率的关系曲线会重合。

其次，假设模型处于理想状态，且 λ_p 恒定，讨论模型性能与一级用户的优先概率 p 之间的关系。设普通用户的到达率 $\lambda_c = 1$，服务率 $\mu_c = 3$，一级用户的到达率 $\lambda_p = 1$，服务率 $\mu_p = 2$，通过仿真得到一级用户的阻塞率 (P_{b1})、普通用户的阻塞率 (P_{b2})、普通用户的丢失率 (P_L) 与一级用户的优先概率 p 的关系曲线，如图 5.21 所示。

从图 5.21 的仿真结果中，我们可以清楚地看到，随着一级用户优先概率 p 的增大，一级用户的阻塞率 P_{b1} 呈减小趋势，并且下降趋势明显，然而普通用户的阻塞率 P_{b2} 相反，呈增大趋势，但变化不明显。同时我们还能够观察到，随着 p 的增大，普通用户的丢失率 P_L 急剧增大，这是因为在这类系统中，服务台优先满足一级用户的服务，从而导致普通用户的丢失。上述仿真结果与我们所做的理论分析结果是相符的。

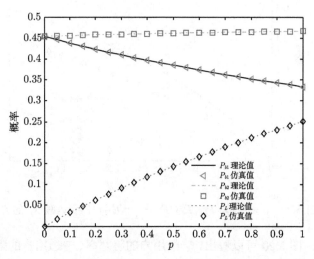

图 5.21 $\lambda_c = \lambda_p = 1, \mu_c = 3, \mu_p = 2$ 时，P_{b1}, P_{b2}, P_L 与一级用户的优先概率 p 的关系曲线

二、 区分优先级的双队列双服务台排队模型分析

在实际生活中，一个服务台的排队系统并不能很好地满足实际运用中的区分优先级的业务需求，为此，我们在研究区分优先级的双队列单服务台排队模型的基础上通过增加服务台数量来研究系统的用户阻塞率和丢失率等。在这里我们先增加一个服务台进行研究。

1. 模型描述

在该通信网络模型中，我们假定服务台数量为 2 个，接受服务的两个队列具有不同的优先级，同样假设两个队列的用户到达率都服从泊松到达过程，一级用户的到达率为 λ_p，普通级用户的到达率为 λ_c，服务过程均为指数过程，一级用户的服务率为 μ_p，普通用户的服务率为 μ_c。当有一级用户到达，且服务台有空闲时，一级用户直接使用服务台；然而，当服务台无空闲时，新到达的一级用户可能得到服务，也可能得不到服务，假设两个服务台都在被一级用户使用，则新到达的一级用户不能得到服务，但如果有服务台正在为普通用户提供服务，一级用户则有可能得到服务，在这里我们设一级用户得到服务的速率为 λ_j(j 表示普通用户使用服务台的个数)，普通用户没有识别到一级用户到达的概率为 $q(0 \leqslant q \leqslant 1)$，则 $\lambda_j = (1 - q^j)\lambda_p$，如果令 $p_j = 1 - q^j$，那么 $\lambda_i = p_j\lambda_p$，且 p_j 可以定义为一级用户优先使用服务台的概率。其模型如图 5.22 所示。

(1) 当 $q = 1$ 时，表示普通用户完全没有识别到一级用户的到达，此时如果两个服务台都在为普通用户提供服务，则一级用户没有权利使用服务台，普通用户不丢失。

(2) 当 $0 < q < 1$ 时，表示一级用户具有部分优先级，此时如果两个服务台都在使用，并且有服务台正在为普通用户提供服务，则一级用户以 p_j 的概率优先使用正在为普通用户服务的 1 个服务台，普通用户丢失。

(3) 当 $q = 0$ 时，表示一级用户具有完全优先级，此时如果两个服务台都在使用，并且有服务台正在为普通用户提供服务，则普通用户立即让出 1 个服务台供一级用户使用，普通用户丢失。

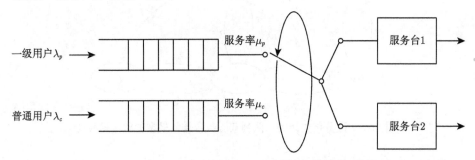

图 5.22　区分优先级的双队列双服务台排队模型示意图

当服务台无空闲且有普通用户正在接受服务时，如果有一级用户到达，则服务台有可能转为服务一级用户，普通用户丢失。设普通用户没有识别到一级用户到达的概率为 q，则服务台转换为服务一级用户的概率为
$$p_j = 1 - q^j, \text{ 其中 } 0 \leqslant q \leqslant 1$$

2. 状态转移模型

根据以上章节的分析，区分优先级的双队列双服务台排队模型的状态转移图如图 5.23 所示。与区分优先级的双队列单服务台排队系统的状态转移模型相比，区别在于：$i, j = 0, 1, 2$，并且在该系统中满足 $0 \leqslant i + j \leqslant 2$，状态 $(i, 2 - i)$ 表示系统中所有的服务台都在被使用，本节将其称为全服务系统状态。然而，当系统处于全服务系统状态时，系统状态是否会发生改变与到达的用户类型有关，当有普通用户到达时，系统状态不会发生改变 (因为一级用户具有优先使用服务器的权限)，而当有一级用户到达，且有服务台正在为普通用户提供服务时，系统状态会由 $(i, 2 - i)$ 转变为 $(i + 1, 1 - i)$，其中 $i = 0$ 或 1，根据模型描述，我们可知，此时状态的转变速率为 λ_j，$\lambda_j = (1 - q^j)\lambda_p$，这里，$q$ 表示普通用户没有识别到一级用户的概率。

3. 模型性能分析

采用拟生灭过程和矩阵分析方法，我们可以列出模型的 Chapman-Kolmogorov 方程，如式 (5.66)~式 (5.71)，这里 $p_{i,j}$ 同样代表系统处于状态 (i, j) 时的稳态概率，在这一类模型中，共有 6 个状态，将每个状态用一个方程表示，则可以得到 6 个不同的方程。

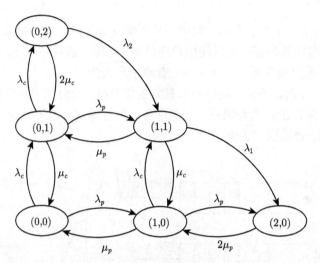

图 5.23　区分优先级的双队列双服务台排队模型的状态转移图

状态 $(0,0)$，平衡方程为

$$p_{0,0}(\lambda_p + \lambda_c) = p_{1,0}\mu_p + p_{0,1}\mu_c \tag{5.66}$$

状态 $(0,1)$，平衡方程为

$$p_{0,1}(\mu_c + \lambda_p + \lambda_c) = p_{1,1}\mu_p + 2p_{0,2}\mu_c + p_{0,0}\lambda_c \tag{5.67}$$

状态 $(0,2)$，平衡方程为

$$p_{0,2}(2\mu_c + \lambda_2) = p_{0,1}\lambda_c \tag{5.68}$$

状态 $(1,0)$，平衡方程为

$$p_{1,0}(\mu_p + \lambda_p + \lambda_c) = 2p_{2,0}\mu_p + p_{1,1}\mu_c + p_{0,0}\lambda_p \tag{5.69}$$

状态 $(1,1)$，平衡方程为

$$p_{1,1}(\mu_p + \mu_c + \lambda_1) = p_{0,2}\lambda_2 + p_{0,1}\lambda_p + p_{1,0}\lambda_c \tag{5.70}$$

状态 $(2,0)$，平衡方程为

$$2p_{2,0}\mu_p = p_{1,1}\lambda_1 + p_{1,0}\lambda_p \tag{5.71}$$

其中 $\lambda_1 = (1-q)\lambda_p$，$\lambda_2 = (1-q^2)\lambda_p$。

因为系统所有状态的稳态概率的和为 1, 所以有

$$\sum_{j=0}^{2}\sum_{i=0}^{2-j} p_{i,j} = 1 \tag{5.72}$$

将式 (5.66)~式 (5.70) 和式 (5.72) 写成矩阵形式为

$$
\begin{pmatrix}
\lambda_p + \lambda_c & -\mu_c & 0 & -\mu_p & 0 & 0 \\
-\lambda_c & \mu_c + \lambda_p + \lambda_c & -2\mu_c & 0 & -\mu_p & 0 \\
0 & -\lambda_c & 2\mu_c + \lambda_2 & 0 & 0 & 0 \\
-\lambda_p & 0 & 0 & \mu_p + \lambda_p + \lambda_c & -\mu_c & -2\mu_p \\
0 & -\lambda_p & -\lambda_2 & -\lambda_c & \mu_p + \mu_c + \lambda_1 & 0 \\
1 & 1 & 1 & 1 & 1 & 1
\end{pmatrix}
\begin{pmatrix}
p_{0,0} \\ p_{0,1} \\ p_{0,2} \\ p_{1,0} \\ p_{1,1} \\ p_{2,0}
\end{pmatrix}
$$

$$
=
\begin{pmatrix}
0 \\ 0 \\ 0 \\ 0 \\ 0 \\ 1
\end{pmatrix}
\tag{5.73}
$$

如果记

$$
\boldsymbol{M} =
\begin{pmatrix}
\lambda_p + \lambda_c & -\mu_c & 0 & -\mu_p & 0 & 0 \\
-\lambda_c & \mu_c + \lambda_p + \lambda_c & -2\mu_c & 0 & -\mu_p & 0 \\
0 & -\lambda_c & 2\mu_c + \lambda_2 & 0 & 0 & 0 \\
-\lambda_p & 0 & 0 & \mu_p + \lambda_p + \lambda_c & -\mu_c & -2\mu_p \\
0 & -\lambda_p & -\lambda_2 & -\lambda_c & \mu_p + \mu_c + \lambda_1 & 0 \\
1 & 1 & 1 & 1 & 1 & 1
\end{pmatrix}
\tag{5.74}
$$

$$\boldsymbol{P} = (p_{0,0} \ \ p_{0,1} \ \ p_{0,2} \ \ p_{1,0} \ \ p_{1,1} \ \ p_{2,0})^{\mathrm{T}} \tag{5.75}$$

$$\boldsymbol{B} = (0 \ \ 0 \ \ 0 \ \ 0 \ \ 0 \ \ 1)^{\mathrm{T}} \tag{5.76}$$

则有

$$\boldsymbol{MP} = \boldsymbol{B} \tag{5.77}$$

通过矩阵运算可得到

$$\boldsymbol{P} = \boldsymbol{M}^{-1}\boldsymbol{B} \tag{5.78}$$

从用户阻塞率和用户丢失率的定义, 我们可以得到

一级用户的阻塞率为

$$P_{b1} = p_{2,0} + \sum_{j=1}^{2} p_{2-j,j}(1 - p_j) = p_{2,0} + \sum_{j=1}^{2} p_{2-j,j}q^j \tag{5.79}$$

普通用户的阻塞率为

$$P_{b2} = \sum_{i=0}^{2} p_{i,2-i} \tag{5.80}$$

普通用户的丢失率为

$$P_L = \frac{\text{普通用户的丢失速率}}{\text{普通用户的接收速率}} = \frac{\sum\limits_{j=1}^{2} p_{2-j,j}\lambda_j}{\lambda_c(1 - P_{b2})} = \frac{\sum\limits_{j=1}^{2} p_{2-j,j}\lambda_j}{\lambda_c\left(1 - \sum\limits_{i=0}^{2} p_{i,2-i}\right)} \tag{5.81}$$

4. 模型仿真分析

首先,假设模型处在理想状态下,并且 q 值不变,讨论模型性能与一级用户到达率之间的关系。设 $\lambda_c = 1, \mu_c = 3, \mu_p = 2$(一级用户一般都是特权用户,所以服务率通常情况下都比普通用户低),通过仿真得到一级用户的阻塞率 (P_{b1})、普通用户的阻塞率 (P_{b2})、普通用户的丢失率 (P_L) 与一级用户的到达率 (λ_p) 的关系曲线,如图 5.24~图 5.26 所示。

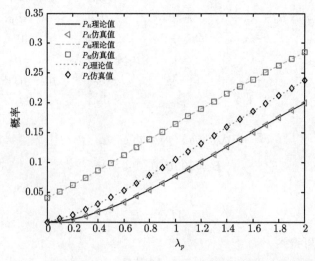

图 5.24　$q = 0$ 时,P_{b1}, P_{b2}, P_L 与一级用户的到达率 λ_p 的关系曲线

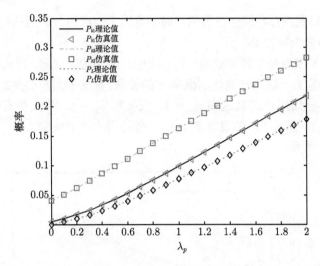

图 5.25　$q = 0.35$ 时，P_{b1}, P_{b2}, P_L 与一级用户的到达率 λ_p 的关系曲线

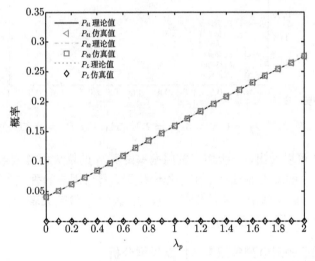

图 5.26　$q = 1$ 时，P_{b1}, P_{b2}, P_L 与一级用户的到达率 λ_p 的关系曲线

从图 5.24~图 5.26 可以看出，P_{b1}, P_{b2}, P_L 三个参数都随着一级用户的到达率的增加而增加。当 $q = 0$ 时，一级用户具有绝对优先级，所以一级用户的阻塞率明显小于普通用户的；当 $q = 0.35$ 时，一级用户具有部分优先级，此时一级用户的到达会迫使普通用户以 $1 - q^j$ 的概率放弃使用服务台，所以一级用户的阻塞率也小于普通用户的，并且只有当一级用户的到达率 $\lambda_p = 0$ 时，普通用户才不会出现丢失，用户的丢失率为 0；当 $q = 1$ 时，表示普通用户完全忽视一级用户的到达，即一级用户与普通用户具有相同的优先级，所以一级用户的阻塞率与普通用户的阻

塞率相等, 同时服务台在服务普通用户时不会因为一级用户的到达而终止服务, 所以普通用户的丢失率为 0。

其次, 假设模型处于理想状态, 且一级用户的到达率固定, 讨论模型性能与普通用户没有识别到一级用户到达的概率 q 的关系。设普通用户的到达率 $\lambda_c = 1$, 服务率 $\mu_c = 3$, 一级用户的到达率 $\lambda_p = 1$, 服务率 $\mu_p = 2$, 通过仿真得到一级用户的阻塞率 (P_{b1})、普通用户的阻塞率 (P_{b2})、普通用户的丢失率 (P_L) 与 q 的关系曲线, 如图 5.27 所示。

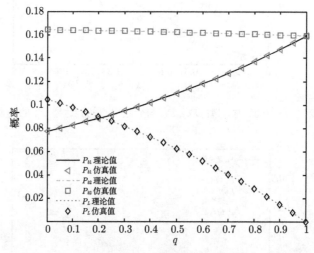

图 5.27　$\lambda_c = \lambda_p = 1, \mu_c = 3, \mu_p = 2$ 时, P_{b1}, P_{b2}, P_L 与 q 的关系曲线

从图 5.27 可以看出, 一级用户的阻塞率随着 q 的增大而急剧增大, 普通用户的阻塞率随着 q 的增大而减小 (但变化不明显), 普通用户的丢失率随着 q 的增大而减小。仿真结果与理论预期结果是一致的, 因为 q 值越大表示正在接受服务的普通用户忽视一级用户的到达越严重。

三、区分优先级的双队列多服务台排队模型分析

在上一部分内容中我们研究了排队系统中有两个服务台时系统中不同用户的阻塞率和丢失率, 接下来我们将重点分析研究多服务台排队系统中不同用户类型的阻塞率和丢失率。

1. 模型描述

在该排队模型中, 我们假定服务台数量为 N, 接受服务的两个队列具有不同的优先级, 同样假设每个队列的用户到达率都服从泊松到达过程, 一级用户的到达率为 λ_p, 普通用户的到达率为 λ_c, 服务过程均为指数过程, 一级用户的服务率为 μ_p, 普通用户的服务率为 μ_c。当有一级用户到达, 且服务台有空闲时, 一级用户直

接使用空闲的服务台；然而，当服务台都处于忙碌状态时，新到达的一级用户可能得到服务，也可能得不到服务，假设所有的服务台都在被一级用户使用，则新到达的一级用户不能得到服务，但如果有服务台正在为普通用户提供服务，则一级用户有可能得到服务，在这里我们设一级用户得到服务的速率为 λ_j（j 表示普通用户使用服务台的个数），普通用户没有识别到一级用户到达的概率为 $q(0 \leqslant q \leqslant 1)$，则 $\lambda_j = (1 - q^j)\lambda_p$，如果令 $p_j = 1 - q^j$，那么 $\lambda_j = p_j\lambda_p$，且 p_j 可以定义为一级用户优先使用服务台的概率。其模型如图 5.28 所示。

(1) 当 $q = 1$ 时，表示普通用户完全没有识别到一级用户的到达，此时如果 N 个服务台都在为普通用户提供服务，则一级用户没有权利使用服务台，普通用户不丢失。

(2) 当 $0 < q < 1$ 时，表示一级用户具有部分优先级，此时如果 N 个服务台都在使用，并且有服务台正在为普通用户提供服务，则一级用户以 p_j 的概率优先使用正在为普通用户服务的 1 个服务台，普通用户丢失。

(3) 当 $q = 0$ 时，表示一级用户具有完全优先级，此时如果 N 个服务台都在使用，并且有服务台正在为普通用户提供服务，则普通用户立即让出 1 个服务台供一级用户使用，普通用户丢失。

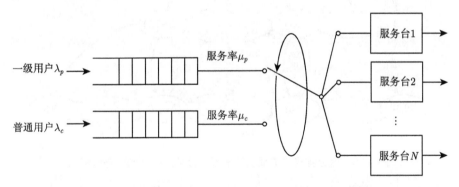

图 5.28　区分优先级的双队列多服务台排队模型示意图

当服务台无空闲且有普通用户正在接受服务时，如果有一级用户到达，则服务台有可能转为服务一级用户，普通用户丢失。设普通用户没有识别到一级用户到达的概率为 q，则服务台转换为服务一级用户的概率为
$$p_j = 1 - q^j, \text{其中 } 0 \leqslant q \leqslant 1$$

2. 状态转移模型

设当系统达到稳定状态时，区分优先级的双队列多服务台排队模型的状态转移图如图 5.29 所示。其中，状态 (i, j) 表示系统所处的状态，i 表示一级用户正在使用的服务器个数，j 表示普通用户正在使用的服务器个数，$i, j = 0, 1, 2, \cdots, N$，并且在该系统中满足 $0 \leqslant i + j \leqslant N$，状态 $(i, N - i)$ 表示系统中所有的服务台都在

被使用，称其为全服务系统状态。在图 5.29 中，水平方向上的箭头表示一级用户的到达或离开，垂直方向上的箭头表示普通用户的到达或离开。然而，当系统处于全服务系统状态时，系统状态是否会发生转移与到达的用户类型有关，当有普通用户到达时，系统状态不会发生改变 (因为一级用户具有优先使用服务器的权限)，而当有一级用户到达，且有服务器正在为普通用户提供服务时，系统状态会由 $(i, N-i)$ 转变为 $(i+1, N-1-i)$，其中 $i = 0, 1, 2, \cdots, N-1$，根据模型描述，我们可知此时状态的转变速率为 λ_j，$\lambda_j = (1 - q^j)\lambda_p$。

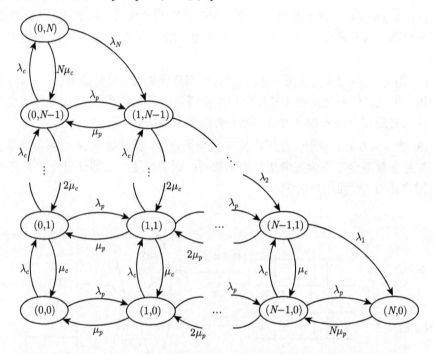

图 5.29　区分优先级的双队列多服务台排队模型的状态转移图

3. 模型性能分析

根据 Chapman-Kolmogorov 方程提供的计算排队系统稳态概率的方法，我们可以列出模型的稳态方程，在这里 $p_{i,j}$ 依然表示系统处于状态 (i, j) 时的稳态概率，在该模型中，共有 $\dfrac{(N+1)(N+2)}{2}$ 个状态，所以可列出 $\dfrac{(N+1)(N+2)}{2}$ 个不同的方程，但是这些方程可以分为 7 类，如式 (5.82)~式 (5.88)。

状态 $(0,0)$，平衡方程为

$$p_{0,0}(\lambda_p + \lambda_c) = p_{1,0}\mu_p + p_{0,1}\mu_c \tag{5.82}$$

状态 $(0, j)$，其中 $1 \leqslant j \leqslant N-1$，平衡方程为

$$p_{0,j}(j\mu_c + \lambda_p + \lambda_c) = p_{1,j}\mu_p + p_{0,j+1}(j+1)\mu_c + p_{0,j-1}\lambda_c \tag{5.83}$$

状态 $(0, N)$，平衡方程为

$$p_{0,N}(N\mu_c + \lambda_N) = p_{0,N-1}\lambda_c \tag{5.84}$$

状态 (i, j)，其中 $1 \leqslant i \leqslant N-2$，$1 \leqslant j \leqslant N-i-1$，平衡方程为

$$p_{i,j}(i\mu_p + j\mu_c + \lambda_p + \lambda_c)$$
$$= p_{i+1,j}(i+1)\mu_p + p_{i,j+1}(j+1)\mu_c + p_{i-1,j}\lambda_p + p_{i,j-1}\lambda_c \tag{5.85}$$

状态 $(i, N-i)$，其中 $1 \leqslant i \leqslant N-1$，平衡方程为

$$p_{i,N-i}(i\mu_p + (N-i)\mu_c + \lambda_{N-i})$$
$$= p_{i-1,N-i}\lambda_p + p_{i,N-i-1}\lambda_c + p_{i-1,N-i+1}\lambda_{N-i+1} \tag{5.86}$$

状态 $(i, 0)$，其中 $1 \leqslant i \leqslant N-1$，平衡方程为

$$p_{i,0}(i\mu_p + \lambda_p + \lambda_c) = p_{i+1,0}(i+1)\mu_p + p_{i,1}\mu_c + p_{i-1,0}\lambda_p \tag{5.87}$$

状态 $(N, 0)$，平衡方程为

$$p_{N,0}N\mu_p = p_{N-1,0}\lambda_p + p_{N-1,1}\lambda_1 \tag{5.88}$$

其中

$$\lambda_j = (1 - q^j)\lambda_p \quad (1 \leqslant j \leqslant N) \tag{5.89}$$

因为系统所有状态的稳态概率的和为 1，所以有

$$\sum_{j=0}^{N} \sum_{i=0}^{N-j} p_{i,j} = 1 \tag{5.90}$$

令

$$\boldsymbol{P} = (p_{0,0} \ \ p_{0,1} \ \ p_{0,2} \ \cdots \ p_{0,N} \ \ p_{1,0} \ \ p_{1,0} \ \cdots \ p_{1,N} \ \cdots \ p_{N-1,0} \ \ p_{N-1,1} \ \ p_{N,0})^{\mathrm{T}} \tag{5.91}$$

$$\boldsymbol{m}_1 = \left(\lambda_p + \lambda_c \quad -\mu_c \quad \underbrace{0 \cdots\cdots 0}_{N-1} \quad -\mu_p \quad \underbrace{0 \cdots\cdots 0}_{\frac{(N+2)(N-1)}{2}} \right) \tag{5.92}$$

所以式 (5.82) 可以写为

$$m_1 P = 0 \tag{5.93}$$

将式 (5.82)~式 (5.87) 和式 (5.90) 写为矩阵形式可表示为

$$MP = B \tag{5.94}$$

其中 M 是一个 $\dfrac{(N+1)(N+2)}{2} \times \dfrac{(N+1)(N+2)}{2}$ 的矩阵, $B = \left(\underbrace{0 \cdots\cdots 0}_{\frac{(N+1)(N+2)}{2}-1} \quad 1 \right)^{\mathrm{T}}$

是一个 $\dfrac{(N+1)(N+2)}{2} \times 1$ 的列向量。

通过矩阵运算可得到

$$P = M^{-1} B \tag{5.95}$$

　　求出系统各状态的稳态概率后,我们就可以写出这类模型中两类用户的阻塞率和丢失率,从状态转移图可以看出一级用户的丢失率为 0,而普通用户的丢失率不一定为 0,只有当 p 为 0 时,普通用户的丢失率才可能为 0。根据用户阻塞率和用户丢失率的定义,我们可以得到

一级用户的阻塞率为

$$P_{b1} = p_{N,0} + \sum_{j=1}^{N} p_{N-j,j}(1-p_j) = p_{N,0} + \sum_{j=1}^{N} p_{N-j,j} q^j \tag{5.96}$$

普通用户的阻塞率为

$$P_{b2} = \sum_{i=0}^{N} p_{i,N-i} \tag{5.97}$$

普通用户的丢失率为

$$P_L = \frac{普通用户的丢失速率}{普通用户的接收速率} = \frac{\displaystyle\sum_{j=1}^{N} p_{N-j,j}\lambda_j}{\lambda_c(1-P_{b2})} = \frac{\displaystyle\sum_{j=1}^{N} p_{N-j,j}\lambda_j}{\lambda_c\left(1-\displaystyle\sum_{i=0}^{N} p_{i,N-i}\right)} \tag{5.98}$$

4. 模型仿真分析

　　在以上分析的基础上,对区分优先级的双队列多服务器通信网络模型进行 MATLAB 仿真。

　　首先,假设模型处于理想的状态,令 $q = 0.15$,讨论这一类模型中的三个参数 (即一级用户的阻塞率 P_{b1}、普通用户的阻塞率 P_{b2}、普通用户的丢失率 P_L) 与一级

用户到达率 λ_p 的关系。设普通用户的到达率 $\lambda_c = 2$，普通用户的服务率 $\mu_c = 0.3$，一级用户的服务率 $\mu_p = 0.1$，通过仿真得到了 P_{b1}, P_{b2}, P_L 与 λ_p 的关系曲线，如图 5.30～图 5.32 所示。

从图 5.30～图 5.32 可以看出：

(1) 无论服务器的数量是多少，一级用户的阻塞率、普通用户的阻塞率、普通用户的丢失率都会随着一级用户的到达率的增加而增加，这与理论预期结果"到达率越高，用户发生阻塞和丢失的概率就越大"是一致的。

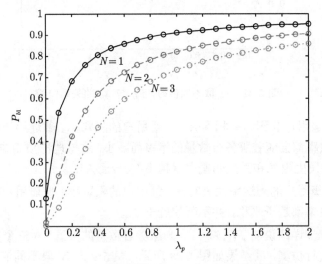

图 5.30　N 取不同值时，P_{b1} 与 λ_p 的关系曲线

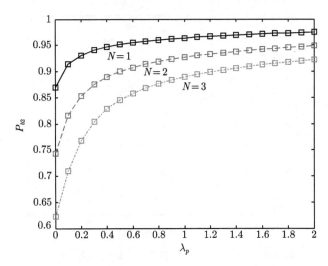

图 5.31　N 取不同值时，P_{b2} 与 λ_p 的关系曲线

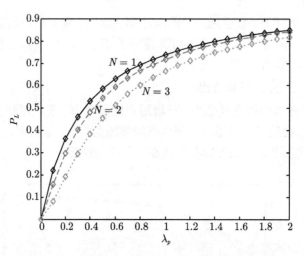

图 5.32 N 取不同值时，P_L 与 λ_p 的关系曲线

(2) 当一级用户的到达率相同时，一级用户的阻塞率、普通用户的阻塞率、普通用户的丢失率都会随着服务台数量的增多而减小，这与理论预期结果"服务台数量越多，用户发生阻塞和丢失的概率就越小"是一致的。

(3) 当一级用户的到达率很大时，一级用户的阻塞率、普通用户的阻塞率、普通用户的丢失率都趋于平稳，并不断趋近于 1。

为了进一步详细说明 P_{b1}, P_{b2}, P_L 与服务台数量的关系，对三个参数与服务台数量的关系进行仿真，其结果如图 5.33 所示，表 5.1 为 N 取不同值时，三个参数的值。

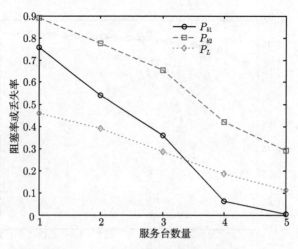

图 5.33 P_{b1}, P_{b2}, P_L 与服务台数量的关系 $(\lambda_p = 3)$

表 5.1 N 取不同值时, 一级用户的阻塞率、普通用户的阻塞率、普通用户的丢失率仿真值

默认参数值: $\lambda_c = 8, \mu_c = 3, \lambda_p = 3, \mu_p = 1, q = 0.15$

参数名称	服务台数量/个				
	1	2	3	4	5
一级用户的阻塞率	0.7559	0.5398	0.3587	0.0612	0.0040
普通用户的阻塞率	0.8903	0.7745	0.6529	0.4203	0.2901
普通用户的丢失率	0.4595	0.3905	0.2851	0.1867	0.1116

从图 5.33 和表 5.1 我们可以看出, 当一级用户的到达率恒定时, 服务台越多, 系统的三个参数 P_{b1}, P_{b2}, P_L 就越小, 这与理论预期结果是一致的。并且当服务器数量为 5 个时, 一级用户的阻塞率已经接近 0, 说明当服务器数量大于等于 5 个时, 一级用户基本不会发生阻塞。

其次, 假设模型处于理想状态, 且一级用户的到达率固定, 讨论模型性能与普通用户没有识别到一级用户到达的概率 q 的关系。设 $\lambda_c = 2, \lambda_p = 0.5, \mu_c = 0.3, \mu_p = 0.1$, 通过仿真得到一级用户的阻塞率、普通用户的阻塞率、普通用户的丢失率与 q 的关系曲线, 如图 5.34~图 5.36 所示。

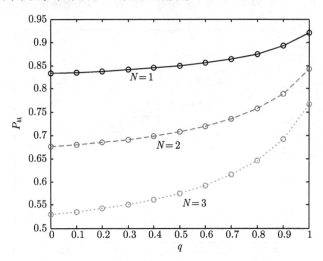

图 5.34 N 取不同值时, P_{b1} 与 q 的关系曲线

从图 5.34~图 5.36 可以看出:

(1) 无论服务器的数量是多少, 一级用户的阻塞率都随着 q 的增大而增大, 而普通用户的阻塞率、普通用户的丢失率随着 q 的增大而减小。仿真结果与理论预期结果 "q 值越大, 一级用户的优先级越来越低, 普通用户的优先级越来越高" 是一致的。

(2) 当 $q = 0$ 时, 一级用户的阻塞率最小, 普通的阻塞率和丢失率最大。仿真

结果与理论预期结果"$q = 0$,一级用户具有完全优先级,一级用户不会丢失,阻塞率也最小,而普通用户阻塞和丢失最严重"是一致的。

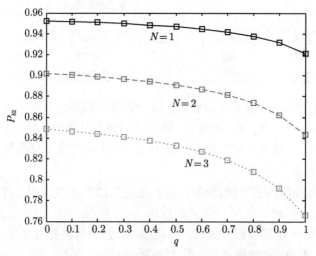

图 5.35　N 取不同值时,P_{b2} 与 q 的关系曲线

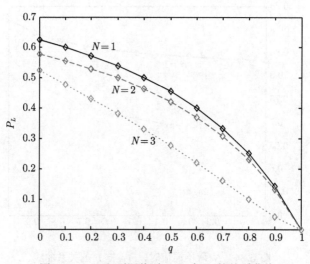

图 5.36　N 取不同值时,P_L 与 q 的关系曲线

(3) 当 $q = 1$ 时,一级用户的阻塞率最大,普通用户的阻塞率最小,普通用户的丢失率为 0。仿真结果与理论预期结果 "$q = 1$,一级用户与普通用户是一样的,不具有优先级,一级用户与普通用户都不会丢失,但一级用户的阻塞率最大,而普通用户的阻塞率最小" 是一致的。

本 章 小 结

本章在前人研究的基础之上，提出了区分优先级的双队列多服务台排队系统，它是在经典的单队列多服务台排队模型之上，通过增加区分优先级的排队队列实现对不同业务类型的区别对待，从而达到优化系统处理效率、降低资源成本投入和减小高优先级用户阻塞率的目的。

在对区分优先级的双队列多服务台排队系统展开深入研究时，首先，从几种经典的排队模型着手，在分析各种模型的平均用户数、平均排队队长、平均等待时间等参数时，研究模型可以改进的地方。其次，分析了经典排队模型的改进模型，即具有两种会话类型的多服务台排队模型。通过采用拟生灭过程、Markov 链理论和矩阵分析的方法详细分析了该系统中两种会话在系统中的平均用户数和阻塞率，并通过 MATLAB 仿真实验验证了理论分析的正确性，同时深入分析了平均用户数和阻塞率与服务台数量和会话到达率的关系。最后，进一步研究分析了区分优先级的双队列单服务台排队系统、双服务台排队系统、多服务台排队系统，主要围绕用户阻塞率和丢失率这两个核心要素进行，通过采用拟生灭过程和 Markov 链理论构建了相应的数学模型，并采用矩阵分析法解析出阻塞率和丢失率的表达式。并通过 MATLAB 仿真验证了通过区分优先级控制，能够达到降低高优先级用户阻塞率的目的，同时还分析了用户阻塞率和丢失率与高优先级用户的到达率、低优先级用户没有识别到高优先级用户到达的概率、服务台数量之间的关系。

在多业务环境下，区分优先级的带宽资源控制应用是当前的研究热点，通过对区分优先级的双队列多服务台排队系统建立数学模型，深入分析用户的阻塞率和丢失率，然后通过仿真实验验证了其正确性，说明区分优先级服务的排队控制策略能够保证高优先级用户的服务需求，达到降低用户阻塞率的目的。

第六章　基于 TinyOS 的无线传感器网络 MAC 协议分析研究

第一节　TinyOS 系统概述

无线传感器网络是一种自发形式组成的网络,主要由大量廉价、能量较低、微型的无线通信与无线传感器网络节点构成,无线传感器网络中的节点具有数据计算功能,无线传感器网络节点作为一种非常典型的资源受限嵌入式系统,与传统系统对比,在各个功能需求方面都存在着差别。无线传感器网络拥有着硬件功能有限、能量有限和分布式任务协作等特点,需要有专门的操作系统管理执行任务和硬件资源。与此同时,通过在节点中设计应用程序的方式,系统开发人员编程的硬件难度会相对增大,其次是软件的重用性差,程序员无法直接继承已有的软件成果,大大地降低了开发效率。因此,针对开发与管理无线传感器网络方面,迫切需要开发一款新型无线传感器网络操作系统。

TinyOS 作为一款开源嵌入式操作系统,最早在美国加利福尼亚大学伯克利分校 David Culler 教授领导下,展开设计与开发无线传感器网络。TinyOS 操作系统是一个基于事件驱动的微型操作系统,其所开发的应用程序编译后所占的空间比较小 (大多在 30KB 以下),传感器存储空间小、资源量少等问题均已解决。TinyOS 本身提供了一系列的组件,可以方便程序员在这些组件的基础上进行重用,TinyOS 最初使用的是汇编语言和 C 语言进行编写,由于采用的编程语言为 C 语言,在开发无线传感器网络系统与应用程序时效率较低,因此相关人员重点拓展与开发 C 语言,开发出了支持组件化编程的 nesC 语言。nesC 语言有效结合事件驱动执行模型为基础与组件模块化理念,采用连接组件、组织以及命名等方式共同形成嵌入式网络系统,能够很好地支持 TinyOS 的并发运行模式。

一、TinyOS 的特点

以下详细介绍 TinyOS 系统的特点。

1. 主动消息通信技术

主动消息通信技术是最早在计算机中应用的性能较高的通信模式,是在事件驱动模式基础上开发的通信模式。主动消息通信时,由发送节点执行发送消息功能,对于消息相对应的数据与函数也一同处理,消息发送至目标节点并收到后,向应用层处理器传送消息，在该层进行解析、计算数据，由此计算与通信两项功能叠加，系统通信量大幅降低。通常无线传感器网络中具有较高节点密集度，通信并行程度因此也上升，采用传统操作系统无法满足要求，通过应用 TinyOS 操作系统，系统中的组件利用自身通信技术在短时间内及时响应，CPU 运行效率得到显著提升。

2. 两层调度方式与轻量级线程技术

无线传感器网络内的传感器节点是一种硬件资源，传统的进程调度方式无法与传感器节点硬件资源达到一致，无法高效地运用传感器节点的硬件资源；除此以外，传感器节点有并发操作频率高、执行过程短的特点，而传统线程调度与进程调度都达不到要求。TinyOS 操作系统可以向用户提供两级调度体系 [23]，包括硬件事件处理与任务事件处理。轻量级线程，也就是任务，相比于一般的线程更为简单，轻量级线程按照先入先出 (FIFO) 原则进行调度，其中的所有任务都是平等的，轻量级线程之间不允许相互进行抢占；硬件处理线程与硬件事件处理类似，用户存在两种线程方式，分别为轻量级线程与低优先级线程，中断处理线程可以将上述两种线程中断，由此可以在短时间内响应硬件中断事件。采用轻量级线程技术及两层调度方式，任务空闲时将 CPU 设置为睡眠状态，使用外部中断来唤醒 CPU 进行工作，从而尽量减少 CPU 的工作时间，降低 CPU 能耗。

TinyOS 操作系统内，对比事件与任务两者优先级，前者较高，即事件可以在任务之前完成，事件与事件间同样可以相互抢占，事件与任务调用命令优先级对比，前者也高于后者。如图 6.1 所示。

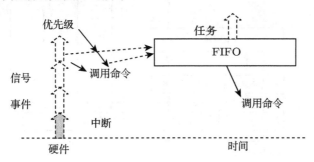

图 6.1　TinyOS 调度体系

3. 事件驱动模式

无线传感器网络系统对能耗方面有着严格的要求。在事件驱动的程序设计之中，事件的执行顺序是不可预知的，而事件的种类是可以确定的。TinyOS 操作系统应用的运行机制为事件驱动，节点最初开始工作时采用事件触发方式，触发后事件与各个组件间使用的传递信号相联系。硬件出现中断处理事件后，TinyOS 操作系统可在短时间内及时响应事件，调用其他程序处理发生事件，事件完成处理后若无其他事件驱动，则节点停止运行处于睡眠状态，可以很大程度节约能源，CPU 的能耗也大大降低。传感器节点在事件驱动模式下灵活性更强，传感器节点编程与传统方式对比，难度下降。

4. 组件化编程

组件化编程是一种重要的软件重用方法，也是分布式计算和 Web 服务的基础，其目的是开发一套构造简单的组件型软件，有效地提高编程的效率和质量。TinyOS 操作系统体系结构为组件化编程，组件作为系统的主要组成部分，抽象化硬件与软件功能为组件，类似于将某些软、硬件功能进行函数的封装，每个组件实现某种软、硬件的功能。开发人员通过操作 TinyOS 系统在各层配置文件内组合具有独立性的组件，通过面向应用程序顶层配置文件详细描述系统的装配情况。在 TinyOS 系统中，nesC 语言为 TinyOS 的开发语言，是由 C 语言扩展而来的。TinyOS 系统中最关键的两部分为组件与接口，组件类型主要有配置与模块，可以将接口看作函数的集合，接口主要对各个组件间的功能进行联系与描述，是连接不同组件之间的纽带。图 6.2 表示支持多跳无线通信的传感器应用程序组件结构图，由上层组件发出操作命令至下层组件，下层组件发送信号至上层组件，描述某个事件的实际发生情况，位于最底层的组件与硬件相连接，完成数据交互。

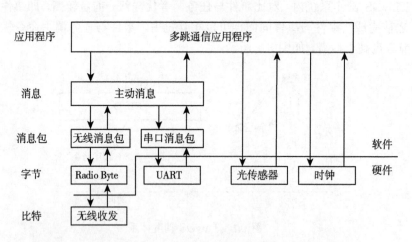

图 6.2   支持多跳无线通信的传感器应用程序组件结构图

组件化编程对于开发人员而言，并不需要知道组件具体的实现过程，只需要使用每个组件提供的接口，设置和调整接口的参数与属性，可在短时间内组合各个来源的组件，形成符合用户需求的应用程序。TinyOS 操作系统应用组件化编程思维模式，软件的自身兼容性与重用性更高。

二、TinyOS 体系结构

TinyOS 系统应用以组件为基础的层次结构，以事件驱动为基础。TinyOS 系统自身具有部分组件，用户可根据需要调用。采用 TinyOS 设计时，目的是实现编写代码最少、鲁棒性强以及并发性强等优点的无线传感器网络系统。图 6.3 表示 TinyOS 系统体系结构，组成该系统的主要部分包括组件与调度器，按照从上到下的顺序，组件主要有高层软件组件、综合硬件组件以及硬件抽象组件。系统正常运行时，高层组件的功能是解析协议、传输数据、控制组件与路由器等，并发出操作命令至低层组件；综合硬件组件位于中间，功能是模拟高层组件硬件行为，传递数据参数与数据解析；位于底层的具有硬件抽象化功能的组件是映射物理硬件至 TinyOS 系统并报告事件情况至高层软件的组件。调度器结构由两层构成：第一层的功能是维护事件与命令，处理硬件出现中断后组件当前状态；第二层用于维护任务，完成维护组件状态工作后才能开始调度任务。

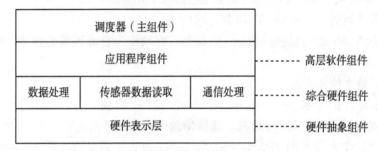

图 6.3　TinyOS 系统体系结构

从整体来说，TinyOS 系统体系结构与网络协议相类似，位于底层的抽象组件功能是完成原始数据包的接收与发送，位于中间位置的为硬件组件，用于传递参数、解析数据以及编码等，高层的软件组件则负责对数据包的打包、路由选择以及数据的传递，所有的任务和事件则由调度器进行控制。

第二节　基于 TinyOS 的 MAC 协议设计

无线传感器网络中的 MAC 层，即介质访问控制层。该层的主要功能是可以控制访问无线信道，针对网络节点合理分配相应无线通信资源。设计与开发 MAC 协议具有必要性，好的 MAC 协议可以最大化地提高能量利用率，降低能耗，由此保障传感器节点能够保持长时间的运行状态。大量研究显示，无线传感器网络节点在通信时，通信能量消耗主要来自以下几个方面：由于通信冲突出现的等待重传与重新传输问题；非目的节点接收数据与处理数据导致通信发送/接收不同步、串音问题而空传；无线通信时信道空侦受到信道监听；控制分组自身产生的开销；

无线收发装置切换信息发送与接收状态频率高等都会产生一定的资源浪费。无线传感器网络 MAC 协议采用"侦听/睡眠"交替模式，若节点没有通信任务，此时处于睡眠状态，可以避免由串音、空闲侦听以及冲突等消耗带来的不必要的能量浪费。

IEEE 802.15.4 MAC 协议运行速率较低，作为无线传感器网络 MAC 协议，该协议能量消耗较少，通信过程中无需建立基础设施，IEEE 802.15.4 MAC 协议主要应用载波侦听多址访问算法，可有效避免由碰撞产生的载波，该算法在节点传输之前先进行信道侦听以避免与其他正在进行的传输发生碰撞。IEEE 802.15.4 MAC 协议作为一个标准协议，主要在无线传感器网络通信中应用。

一、MAC 协议及文件组织结构

1. IEEE 802.15.4 MAC 层主要功能

IEEE 802.15.4 MAC 层的功能主要包括以下几方面：

(1) 载波侦听 (CSMA-CA) 机制访问信道；

(2) 协调器生成信标帧并发送，协调器信标帧作为普通设备的参考，从而实现同步于协调器；

(3) 支持无线信道安全；

(4) 支持保护时隙 (guaranteed time slot，GTS) 机制；

(5) 对于任何设备间 MAC 层，通信传输可靠性强；

(6) 支持个人局域网 (PAN) 的关联 (association) 和取消关联 (disassociation) 操作。

关联操作表示在指定特殊网络中增加设备，并在网络内注册协调器与认证的整个流程。网络内由某个设备向其他设备切换时，通过关联与取消两种方式即可实现。

2. MAC 协议文件组织结构

IEEE 802.15.4 MAC 协议具有两项服务用于高层：MAC 层数据服务和 MAC 层管理服务。利用 MAC 层共同部分子层 SAP(MCPS-SAP) 对 MAC 层数据服务功能进行访问，利用 MAC 层管理实体 SAP(MLME-SAP) 对 MAC 层管理服务部分进行访问，PLME-SAP 与 PD-SAP 的主要功能是连接物理层可提供的功能至 MAC 层。IEEE 802.15.4 MAC 子层参考模型如图 6.4 所示。

MLME-SAP 与 MCPS-SAP 向物理层与网络层提供对应接口，除此以外自身具有内部接口，支持 MLME-SAP 调用 MAC 层数据服务。

TinyOS 中提供了 IEEE 802.15.4 MAC 协议实现过程中所需要的文件，其位置在 tinyos-2.x/tos/lib/mac/tkn154/interfaces 的文件夹中。在 TinyOS 中，IEEE 802.15.4 MAC 协议实现的相应文件组织结构如下：

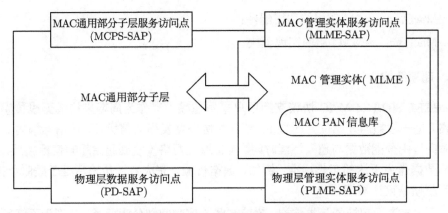

图 6.4 IEEE 802.15.4 MAC 子层参考模型

MCPS_DATA.nc——MAC 层通用部分子层数据服务访问点；

MCPS_PURGE.nc——MAC 层通用部分子层清除服务访问点；

MLME_ASSOCIATE.nc——MAC 层管理实体关联服务访问点；

MLME_BEACON_NOTIFY.nc——MAC 层管理实体信标通知服务访问点；

MLME_COMM_STATUS.nc——MAC 层管理实体信标通信状态服务访问点；

MLME_DISASSOCIATE.nc——MAC 层管理实体取消关联服务访问点；

MLME_GET.nc——MAC 层管理实体获取服务访问点；

MLME_GTS.nc——MAC 层管理实体时隙保障机制服务访问点；

MLME_ORPHAN.nc——MAC 层管理实体孤点服务访问点；

MLME_POLL.nc——MAC 层管理实体轮询服务访问点；

MLME_RESET.nc——MAC 层管理实体重启服务访问点；

MLME_RX_ENABLE.nc——MAC 层管理实体使能接收机服务访问点；

MLME_SCAN.nc——MAC 层管理实体信道扫描服务访问点；

MLME_SET.nc——MAC 层管理实体属性设置服务访问点；

MLME_START.nc——MAC 层管理实体超帧服务访问点；

MLME_SYNC.nc——MAC 层管理实体协调器同步服务访问点；

MLME_SYNC_LOSS.nc——MAC 层管理实体协调器丢失同步服务访问点。

在 tinyos-2.x/tos/lib/net/zigbee/ieee802154/mac 文件夹中有实现 MAC 层的文件，IEEE 802.15.4 MAC 层由 MacC.nc 和 MacP.nc 实现，其中 MacC.nc 文件用于描述组件之间的连接关系，而 MacP.nc 文件则用于实现上层使用的 MAC 层功能，具体的文件及其实现功能如下：

mac_const.h——MAC 层中的常量定义；

mac_enumerations.h——MAC 层中的枚举变量；

MacC.nc——MAC 层的顶层配件；

MacP.nc——MAC 层的实现模块。

二、超帧结构

IEEE 802.15.4 MAC 协议支持用户采用超帧 [24] 作为周期来构成无线传感器网络。每一超帧的开始位置均为 PAN 网络协调器发出的信标帧，该信标帧内具有此时间段中分配数据与超帧持续时间。设备通过网络接收到起始超帧信标帧后，以传输数据作为下达的工作标准，例如，数据传输，完成数据传输后处于睡眠状态，直到超帧结束该周期。

图 6.5 表示超帧的基本结构，超帧按照通信时间划分为两类，分别为不活跃时期与活跃时期。超帧的开始和结束是以信标帧为间隔的。通信时间处于不活跃时期，PAN 网络内各个设备间不发生通信传输，设备处于睡眠状态，由此可以减少消耗；在活跃时段，划分为三个阶段，分别为信标帧发送、竞争访问以及非竞争访问时段。

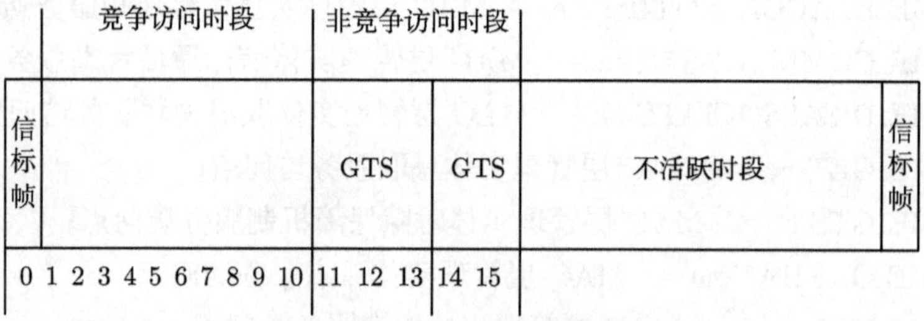

图 6.5　超帧的基本结构

超帧的活跃时段由 16 个不同的具有连续性的时隙构成，信标帧作为第一时隙开始点，超帧处于竞争访问阶段时，设备应用的访问机制为带时隙的 CSMA-CA 访问机制，结束竞争访问之前全部通信都必须结束。超帧处于非竞争访问阶段，申请设备已获得合理分配的时隙，根据设备申请时提出的要求而确定时隙具体数量，图 6.5 中第一个 GTS 由时隙 11~13 构成，第二个 GTS 由时隙 14~15 构成，所有 GTS 时隙均根据设备提出申请时所需的设备而合理分配，因此不需要通过竞争来获得时隙。除此以外，IEEE 802.15.4 MAC 协议提出所有通信需要在已分配时隙的时间内完成。

超帧要求活跃阶段结束后开始不活跃阶段，此时 PAN 网络内设备处于竞争阶段，可以操作的主要功能为数据的自由接收与发送、向协调器发出 GTS 时隙申请、在 PAN 网络中增加新设备等。如果设备处于 PAN 网络的非竞争阶段，同时为接收状态的情况下，若设备具有 GTS 使用权，则在 GTS 时段发送数据至该设备。

以超帧结构为周期的网络中，PAN 协调器是通过信标帧来界定超帧的周期的，从图 6.5 中我们可以看到，通常超帧分为活跃时段和不活跃时段。表 6.1 是对超帧结构相关常量及属性的描述。

表 6.1　超帧结构相关常量及属性

常量/属性名称	取值范围	描述
aBaseSlotDuration	60	当超帧阶数 (SO) 是 0 时，由此可以组成超帧时隙符号，称作 symbol 数
aBaseSuperframeDuration	aBaseSlotDuration × aNumSuperframeSlots	构成基本的超帧符号数目
aNumSuperframeSlots	16	任一超帧内都具有时隙数目
macBeaconOrder	0~15	信标阶数 (BO)，表明信标以何种频率发送
macSuperframeOrder	0~15	超帧阶数 (SO)，可以直接表示协调器发出超帧内全部活跃值

超帧间隔 (SD) 以及信标间隔 (BI) 的计算公式如下：

$$SD = aBaseSuperframeDuration \times 2^{SO} symbols \tag{6.1}$$

$$BI = aBaseSuperframeDuration \times 2^{BO} symbols \tag{6.2}$$

其中 $0 \leqslant BO \leqslant 14$ 用于启用信标的 PAN，并且 aBaseSuperframeDuration = 16×60=960，导致在 2.4GHz 频带中大约有 250s 的最大信标间隔。竞争访问时段 (CAP) 可以跨越整个活动部分，这意味着时隙 CSMA-CA 必须应用直到信标间隔结束，即在同步点之后多达 250s 后结束。

三、MAC 层帧结构

1. IEEE 802.15.4 MAC 帧结构

通过 IEEE 802.15.4 MAC 协议对 MAC 层帧结构进行设计，有利于 MAC 层在环境复杂的情况下提高数据传输的可靠性，图 6.6 表示 MAC 帧格式，主要包括 MAC 帧头、MAC 负载以及 MAC 帧尾三部分。组成 MAC 帧头的主要部分为帧控制信息、帧序列号、地址信息，帧控制信息中包含对帧类型的确定、设置地址字段格式以及安全机制等，帧序列号包含着一些数目，随着每次帧的发送而递增，地址信息则包含源地址和目的地址的信息；MAC 负载中具有事件类型的特殊信息，该信息可以通过处理来调节负载长度值，通过帧类型来确定负载中的实际内容；MAC 帧尾作为负载数据与帧头的 16 位 FCS 帧校验序列。

MAC 子层内具有两类不同的设备地址格式，分别为 64 位 (8 字节) 扩展地址与 16 位 (2 字节) 短地址。PAN 网络协调器与设备关联后，协调器统一分配的网络局部地址为 16 位短地址格式，64 位扩展地址格式在世界上具有唯一性，在设备入网前已经全部分配完成。16 位短地址格式仅确保在 PAN 网络设备地址中唯一，采用该地址通信过程中，必须与 PAN 网络标识符相结合才能充分发挥重要性。以上两种不同地址长度存在差别，数据帧使用的地址类型是根据帧控制信息来确定的，此时 MAC 帧头长度并非一个定值，MAC 帧结构未设置专门的字段用于对帧长度的表示，因为在物理层中的帧具有直接描述 MAC 帧长度字段，MAC 负载长度可以根据 MAC 帧头与物理帧长度计算得出。

2字节	1	0/2	0/2/8	0/2	0/2/8	可变长度	2
帧控制信息	帧序列号	目的PAN标识符	目的地址	源PAN标识符	源地址	帧有效负载	帧校验序列(FCS)
		地址信息					
MAC 帧头 (MHR)						MAC负载	MAC 帧尾 (MFR)

图 6.6　MAC 帧格式

图 6.7 表示 MAC 层帧控制信息域格式，2 字节位长，其中控制标志主要有地址模式子域与帧类型定义。帧类型子域内具有信标帧 (Beacon，0X0000)、数据帧 (Data，0X0001)、确认帧 (Acknowledgement，0X0010)、命令帧 (Command，0X0011)、保留 (Reserved，0X0100~0X0111) 几种类型格式。地址模式子域采用的地址格式为目的地址与源地址。

位:0~2	3	4	6	7~9	10~11	12~13	14~15
帧类型子域	安全允许位	帧未处理标记位	内部PAN标记位	保留位	目的地址模式	保留位	源地址模式

图 6.7　MAC 层帧控制信息域格式

IEEE 802.15.4 MAC 协议中有四种类型的帧：信标帧、数据帧、确认帧以及命令帧。

1) 信标帧

信标帧主要由四部分构成：超帧定义字段、保护时隙 (GTS) 分配字段、等待发送数据目标地址字段、信标帧负载数据。超帧定义字段的作用是对超帧结构参数值进行定义；保护时隙分配字段功能是划分竞争阶段为多个 GTS，将已划分的 GTS 向对应实际设备进行分配；等待发送数据目标地址字段主要包含地址列表字段中列出的地址的数量和类型；信标帧负载数据可以提供一个与高层连接的接口，用于传输数据，作为一个可选字段应用于高层。信标帧格式如图 6.8 所示。

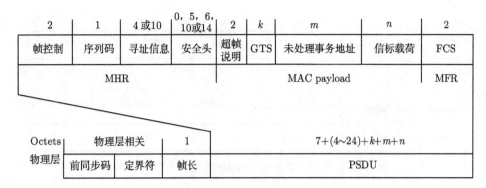

图 6.8　信标帧格式

2) 数据帧

MAC 子层通过数据帧完成数据传输，负载部分主要有上层传输所需数据，数据向 MAC 子层传送并到达后，被称作 MAC 服务数据单元，简称 MSDU。在 MSDU 首部增加 MHR 帧头信息，尾部增加 MFR 帧尾信息，由此形成一个完整的 MAC 帧，图 6.9 表示数据帧格式。

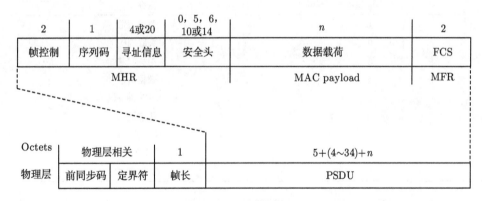

图 6.9　数据帧格式

3) 确认帧

确认帧主要功能是发送方通过该方式确定对方收到发出报文信息。若要确认已接收报文时帧的控制信息字段设置确认请求为 1，通过计算帧校验序列 (FCS) 值准确，则接收方对该帧发出确认帧。产生的确认帧序列与被确认帧序列对比应完全相同，并且此时确认帧内负载长度值应为 0。当某个网络设备接收一个确认帧的时候，首先要验证的就是其序列号是否与期望收到的序列号相一致，如果两个序列号不一致，这个确认帧将会被丢弃。确认帧格式如图 6.10 所示。

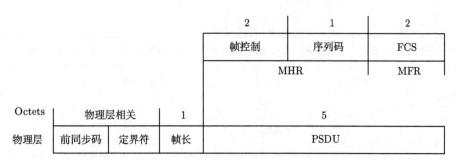

图 6.10　确认帧格式

4) 命令帧

MAC 子层命令帧在组建 PAN 网络应用中非常广泛，同时可以实现数据同步传输。目前命令帧类型共九种，三方面不同的网络功能已实现：第一方面是 PAN 网络上连接本地设备，第二方面是作为网络协调器实现数据交换，第三方面是合理分配 GTS。表 6.2 列出九种不同类型命令帧。

表 6.2　MAC 命令帧的类型

命令标识符	命令类型
1	关联请求
2	关联响应
3	取消关联通知
4	数据请求
5	PAN ID 冲突通知
6	孤点通知
7	信标帧请求
8	协调器重组
9	GTS 请求

在 MAC 子层中对比命令帧与其他帧格式，结构方面基本一致，差别在于控制帧字段的帧类型位，帧头控制字段采用 011b 帧类型，其中 b 表示二进制数据，作为一个命令帧，负载数据内可直观表示命令帧的功能，负载数据长度作为一项可变化的数据，其第一字节类型为命令型，其他数据按照各个命令类型都具有对应含义。命令帧格式如图 6.11 所示。

2. 以超帧为周期的 MAC 帧结构设计

在无线传感器网络轮询系统的设计过程中，需要对通信过程中的 MAC 帧结构作相关的设计。考虑到无线传感器网络轮询系统的运行机制及流程，采用以超帧为周期的 MAC 帧结构进行通信。具体的帧结构设计如图 6.12 所示。

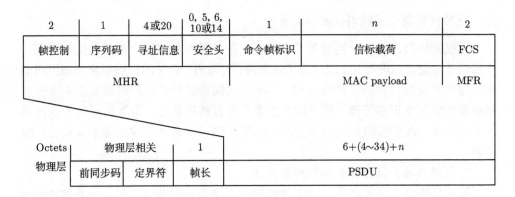

图 6.11　命令帧格式

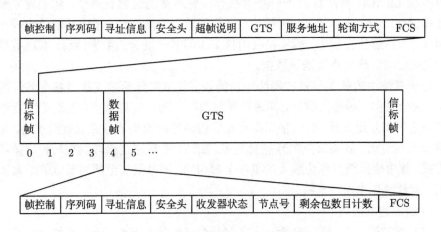

图 6.12　以超帧为周期的 MAC 帧结构设计

由于服务器在服务的过程中其服务时间是由服务节点中的信息分组数所决定的,因此采用的超帧结构并不规定拥有时隙的数目,其时隙是一个动态变化的数目。设计的帧结构是以超帧为一个周期对某个节点进行服务,以信标帧作为其转换的间隔。

信标帧中添加服务地址和轮询方式两个字段,服务地址是从存储器中的轮询表中按顺序读取出来的,用于告知下一个进行服务的地址;轮询方式字段的添加是为了告知选择何种轮询方式进行服务。

在数据帧中添加收发器状态、节点号和剩余包数目计数三个字段,收发器状态用于控制节点的收发器状态;节点号用于分辨是哪个节点发送来的数据;剩余包数目计数用于计算还有多少包没有发送,如果剩余包数目计数为零则结束此次超帧,继续发送信标帧对下一个节点进行服务。

四、 无线传感器网络轮询控制功能设计

无线传感器网络由一定数量节点构成，各个节点之间用于通信的距离不同，距离较长时通信难度增加，因此为了方便通信、管理，通常的做法是将动态组织的传感器网络变为相对稳定的簇结构，以确保大规模的传感器网络能够在不降低通信质量的情况下正常工作。簇一般是由多个具有相同功能、位置相近的节点组成的节点集合，以分簇的方式划分无线传感器网络可以有效地控制每个节点的传输信息。

1. 无线传感器网络拓扑结构控制算法

基于分簇算法模式拓扑控制无线传感器网络是当前效果较佳的拓扑结构控制方式。LEACH 算法 [25] 作为典型自适应分簇拓扑算法，执行时按照一个周期完成，执行一次 LEACH 算法称为 "一轮"，执行一轮所需的过程有两个：簇的建立阶段和数据通信阶段。建立簇时，相邻节点之间形成一个动态簇，按照选取簇头规则得到簇头；数据通信过程中，簇头接收由各个簇间节点发送的数据信息，实现数据融合，完成后向汇聚节点发送该数据。

分簇算法中的簇头节点在网络中功能较多，主要包括接收簇内各个节点数据信息、融合数据、传输数据等，同时还要将数据传输至汇聚节点，若汇聚节点与簇头节点之间相差距离远，此时根据距离长短选择近的簇头节点完成数据传输。与普通簇节点相对比，簇头节点消耗能量更多。LEACH 算法在选取簇头时使用循环轮转方式，簇中全部节点作为簇头的概率全部相同，同时簇头至网络节点的距离基本相同，能量消耗也保持一致。

1) 簇的建立阶段

建立簇的过程中，通过判断节点之前是否作为簇头节点、所设置的阈值等作为参考，最终确定其是否作为本次簇头节点。假设传感器节点数目为 n，预设簇头节点数目在所有传感器节点数目中所占比例为 p，则每轮要选出 $n \times p$ 个簇头节点，由阈值 $T(n)$ 确定最终是否为簇头节点，网络内任意节点可以生成一个随机数，该数属于 $[0,1]$ 区间内，若节点生成的值高于阈值 $T(n)$，则该节点自动当选为簇头节点。阈值 $T(n)$ 的计算公式如下：

$$T(n) = \begin{cases} \dfrac{p}{1 - p \times [\mathrm{rmod}\,(1/p)]} & (n \in G) \\ 0 & (n \notin G) \end{cases} \tag{6.3}$$

式中 r 表示选举轮数，$\mathrm{rmod}(1/p)$ 表示此轮循环内被选作簇头的节点数量，G 表示本轮循环中并未被选择为簇头的所有节点的集合，p 表示预置簇头节点比例。

无线传感器网络内选择某个节点为簇头节点后，在网络中以通知形式告知其他节点，此次是通过选举在公平的条件下得出的簇头节点。其他未被选中的节点为

非簇头节点，收到通知后普通节点按照与簇头节点之间的距离，加入相距最短的簇头，并发送请求加入信息至该簇头节点，收到加入请求后在簇成员列表中增加该节点信息。建立一个完整的簇成员表后，本轮簇头的控制中心为簇头节点，可以控制簇内全部成员节点行为。图 6.13 表示建立簇的整个工作过程。

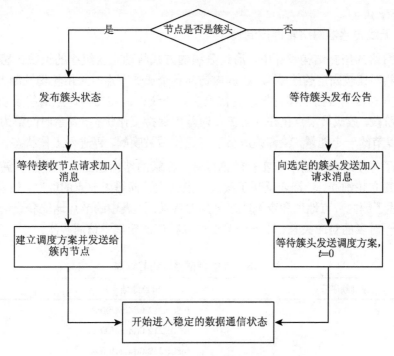

图 6.13　LEACH 协议簇建立阶段流程图

2) 数据通信阶段

在建立好簇的网络拓扑结构之后，每个簇的簇节点都接收到了来自各自簇头节点发出的调度方案，簇节点就按照此方案开始在分配给自己的时隙内发送数据。通常在网络中由汇聚节点以广播形式发出同步消息，确保网络中全部时间保持一致。数据通信状态工作示意图如图 6.14 所示，数据通信状态的每个操作会分成很多帧，工作时隙内任意工作节点可向簇头节点发送数据。

图 6.14　数据通信状态工作示意图

簇成员节点完成分配时隙工作后,其余时间处于睡眠状态,可以节约能量消耗,而簇头节点必须时刻处于工作状态。所有簇成员节点向簇头节点发送数据,并完成融合数据与处理数据工作,采用高功率形式向汇聚节点发送。传输数据时根据设计的调度方案实施,完成一轮数据传输后,进入下一轮工作,继续建立簇与数据通信。

2. 无线传感器网络轮询控制设计

在网络的拓扑结构设计中,通过分簇的方式将动态自组织的无线传感器网络设计成相对比较固定的簇结构,在簇内访问各个成员节点时采用轮询控制方式。采用此种方式传输数据能够有效避免常见多址协议中因碰撞而产生的能量损失,数据传输阶段,簇成员节点仅在各自工作时隙中保持工作状态,其余时间都为睡眠状态,可以节约一定能量,轮询簇成员节点工作后被唤醒,再进入工作状态。

为了方便对簇内的节点实行轮询控制,在簇的结构建立好了之后以簇头节点为中心建立轮询表,轮询表反映了簇头节点依次访问簇内节点的顺序,如表 6.3 所示,描述了簇内节点地址和查询顺序号的对应关系,表中的节点地址和查询顺序号可以是一对多的对应关系,即一个节点可以在该次轮询中访问多次。

表 6.3　无线传感器网络轮询表

查询顺序号	节点地址
1	fe80::212:6d4c:4f00:3
2	fe80::212:6d4c:4f00:1
3	fe80::212:6d4c:4f00:4
4	fe80::212:6d4c:4f00:7
5	fe80::212:6d4c:4f00:5

由表 6.3 可见,轮询中的查询顺序与真实的节点地址之间的顺序并不相同。簇头节点按照轮询表中设置的访问顺序对节点一一访问,地址设置为 fe80::212:6d4c:4f00:2 的地址并不在轮询表中,可能是该节点处于休眠状态或者并不在此簇内,地址格式采用了 64 位的全球唯一地址。

图 6.15 描述了轮询系统的工作流程,首先通过拓扑结构控制将网络分成易于管理的簇结构,接下来是对节点的区分,如果是簇头节点,则开始按照轮询表向查询顺序号为 1 的节点发送信标帧用于唤醒节点,依次进行对节点数据的接收;如果是簇内节点,则等待接收簇头节点发送的信标帧,若接收到信标帧则开始按照轮询方式 (门限、完全、限定) 发送数据到簇头节点,数据发送完毕之后若需要继续采集信息则转向下一节点。

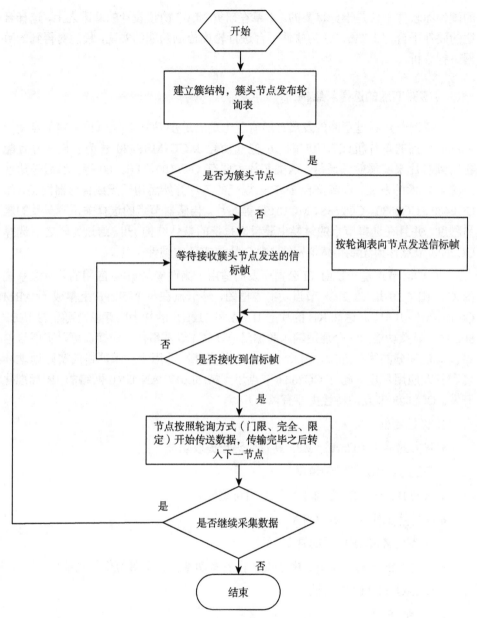

图 6.15 轮询系统的工作流程图

第三节 基于 TinyOS 的轮询控制 MAC 协议实施

无线传感器网络 MAC 协议的实现离不开硬件和软件的支持，因此建立合适的硬件和软件平台是十分重要的。本章在研究 MAC 协议设计的基础之上，选择合适的硬件平台，以 TinyOS 为软件平台进行轮询控制功能的实现，最后对得到的数据进行分析。

一、传感器节点的选择与结构

传感器节点经过不断的发展已经有了十足的进步[26]，早期所使用的节点使用 Atmel 系列的单片机或者 TI 的 16 位低功耗 MCU MSP430 作为主控，并且配备射频芯片来实现射频通信，这类芯片主要有 CC1100、TR1000 等；然后是随着 ZigBee 技术的发展，许多符合 ZigBee 规范的芯片开始运用于无线传感器网络，如 CC2430、CC2530、CC2538、MC13192 等芯片。传感器节点的选择关系到开发的难易程度，并且在选择节点的时候也要考虑系统的整体结构[27]，通过比较之后选择 CC2538 节点作为无线传感器网络 MAC 协议实现的硬件平台。

CC2538 节点是一款由 TI 公司研发的适用于高性能 ZigBee 应用的芯片级系统 (SoC)。图 6.16 是 CC2538 节点功能方框图，该节点在单个硅芯片上集成了 ARM Cortex-M3 MCU、高达 32KB 的片上 RAM 和 512KB 的片上闪存以及可靠的 IEEE 802.15.4 射频功能，32 个通用输入和输出 (GPIO) 以及串行外设接口可以实现与电路板其他部分的简单连接，因此 CC2538 节点能够适用于要求严格的实际地理环境和开发应用环境。此外 CC2538 节点还支持 6LoWPAN IPv6 网络的 IP 标准化开发。CC2538 节点的特性主要有以下几点。

1. 微控制器

- 强大的 ARM Cortex-M3，具有代码预提取功能
- 高达 32MHz 的时钟速度
- 512KB、256KB 或 128KB 系统内可编程闪存
- 支持片上无线升级 (OTA)
- 支持双 ZigBee 应用配置
- 高达 32KB 的 RAM(其中 16KB 在所有功率模式下具有保持功能)
- cJTAG 和 JTAG 调试

2. 射频 (RF)

- 2.4GHz IEEE 802.15.4 兼容 RF 收发器
- −97dBm 的出色接收器灵敏度
- 在 44dB 的 ACR 干扰情况下可靠耐用
- 高达 7dBm 的可编程输出功率

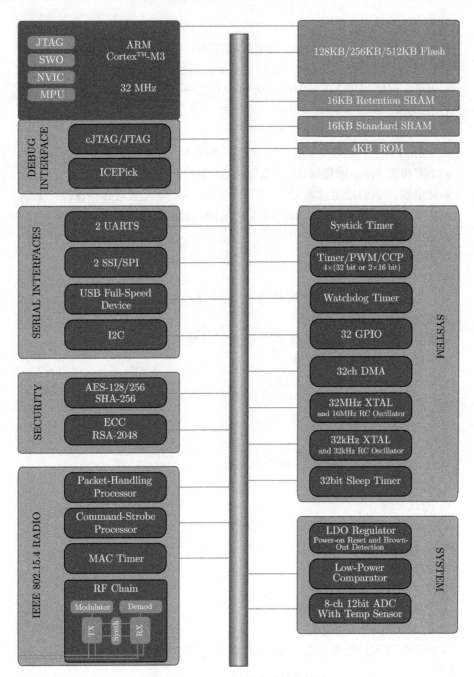

图 6.16　CC2538 节点功能方框图

3. 安全硬件加速

- 面向未来的 AES-128/256，安全散列算法 (SHA)2 硬件加密引擎
- 可选用于安全密钥交换的 ECC-128/256，RSA 硬件加速引擎
- 用于实现底层 MAC 功能性的无线命令选通处理器和数据包操作处理器

4. 低功率

- 有源模式 RX(CPU 闲置)：20mA
- 0dBm 时的有源模式 TX(CPU 闲置)：24mA
- 功率模式 1(4μs 唤醒时间，32KB RAM 保持，完全寄存器保持)：0.6mA
- 功率模式 2(睡眠定时器运行，16KB RAM 保持，配置寄存器保持)：1.3μA
- 功率模式 3(外部中断，16KB RAM 保持，配置寄存器保持)：0.4μA
- 宽电源电压范围 (2~3.6V)

5. 外设

- μDMA
- 4 个通用定时器 (每个定时器为 32 位或 2×16 位)
- 32 位 32kHz 睡眠定时器
- 具有 8 通道和可配置分辨率的 12 位模数转换器 (ADC)
- 电池监视器和温度传感器
- USB 2.0 全速器件 (12Mbit/s)
- 2 个串行外设接口 (SPI)
- 2 个异步收发器 (UART)
- I2C
- 32 个通用 I/O 引脚 (28×4mA，4×20mA)
- 安全装置定时器

6. 布局布线

- 8mm×8mm QFN56 封装
- 可在高达 125℃的工业温度下运行
- 耐用器件
- 极少的外部组件
- 异步网络只需一个单晶振

7. 开发工具

- 经美国联邦通信委员会 (FCC) 和欧洲电信标准协会 (ETSI) 规则认证的参考设计
- 为 TinyOS/6LoWPAN、智能电网、照明和 ZigBee 家庭自动化提供完整软件支持，其中包括示例、应用和参考设计
- Code Composer Studio™

- IAR Embedded Workbench®用于 ARM
- SmartRF™Studio
- SmartRF 闪存编程器

二、 Cortex-M3 处理器简介

Cortex-M3 处理器提供了一个满足系统要求的高性能、低成本平台以及最小内存实现的要求，减少的引脚数和低功耗提供出色的计算性能和出色的系统响应中断。Cortex-M3 处理器的主要特点有：

(1) 32 位 ARM Cortex-M3 架构，针对小尺寸嵌入式应用进行了优化。

(2) 卓越的处理性能和快速中断处理能力。

(3) Thumb®-2 混合 16 位和 32 位指令集通过与 8 位和 16 位器件相关的紧凑型存储器大小提供了 32 位 ARM 内核的高性能，通常在微控制器级应用的几千字节存储器范围内使用：

- 单周期乘法指令和硬件除法
- 原子位操作 (位带)，提供最大的内存使用和精简的外设控制
- 未对齐的数据访问，使数据能够有效地打包到内存中

(4) 快速代码执行允许更低的处理器时钟和增加睡眠模式时间。

(5) 高效的处理器核心、系统和内存。

(6) 硬件划分和快速数字信号处理定向乘法累加。

(7) 针对时间关键型应用程序的确定性，高性能中断处理。

(8) 内存保护单元 (MPU)，用于为受保护的操作系统功能提供特权模式。

(9) 增强的系统调试，具有广泛的断点和跟踪功能。

(10) 串行线跟踪减少了调试和跟踪所需的引脚数。

(11) 从 ARM7™处理器系列迁移，以提高性能和功效。

(12) 优化单周期内存使用。

(13) 超低功耗的集成睡眠模式。

如图 6.17 所示是 Cortex-M3 处理器的功能方框图。为了方便设计成本敏感的器件，Cortex-M3 处理器实现了紧密耦合的系统组件，可减少处理器面积，同时显著提高中断处理和系统调试功能。Cortex-M3 指令集提供了现代 32 位架构所期望的出色性能，具有 8 位和 16 位微控制器的高集成度，可以减少程序存储器的要求。Cortex-M3 处理器紧密集成嵌套向量中断控制器 (NVIC)，以提供业界领先的中断性能。CC2538 中的 NVIC 包括一个不可屏蔽中断 (NMI)，并提供 8 个中断优先级。处理器内核和 NVIC 的紧密集成提供了中断服务程序 (ISR) 的快速执行，显著降低了中断延迟。寄存器的硬件堆栈、可多重加载以及存储多操作的能力进一步降低了中断延迟。中断处理程序不需要任何汇编程序存储，因此可以从 ISR 中

消除代码开销。尾链优化还显著减少了从一个 ISR 切换到另一个 ISR 时的开销。为了优化低功耗设计，NVIC 集成了睡眠模式、深睡眠模式，使整个器件能够快速关断。

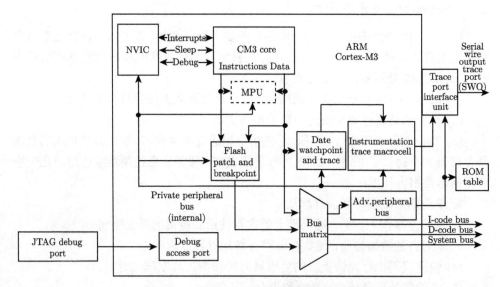

图 6.17　Cortex-M3 处理器的功能方框图

Cortex-M3 处理器建立在高性能处理器内核上，具有 3 级流水线哈佛架构，使其成为苛刻的嵌入式应用的理想选择。Cortex-M3 处理器通过高效的指令集和广泛优化的设计提供卓越的功率效率，从而提供高性能的处理硬件。指令集包括单周期和 SIMD 乘法以及乘法与累加能力，饱和运算和专用硬件划分的范围。CC2538 基于此内核，将高性能 32 位计算引入成本敏感的嵌入式单片机应用，如无线传感器网络、工厂自动化和控制、工业控制电源设备、楼宇和家庭自动化以及步进电机控制。

三、CC2538 内部及外围电路

图 6.18 描述的是 CC2538 的内部引脚与外围电路的连接情况。就 CC2538 节点内部而言，有 56 个引脚接口供外部器件进行连接，1.8 V 片上稳压器提供 1.8 V 数字逻辑，该稳压器需要去耦电容 (C561，C321) 和它们之间的外部连接以便稳定工作，因而适合于用电池进行供电的设备。而外部的 I/O 接口使用 3.3V 的 USB 接口进行供电，也可以使用 2.0～ 3.6V 的电池进行供电。

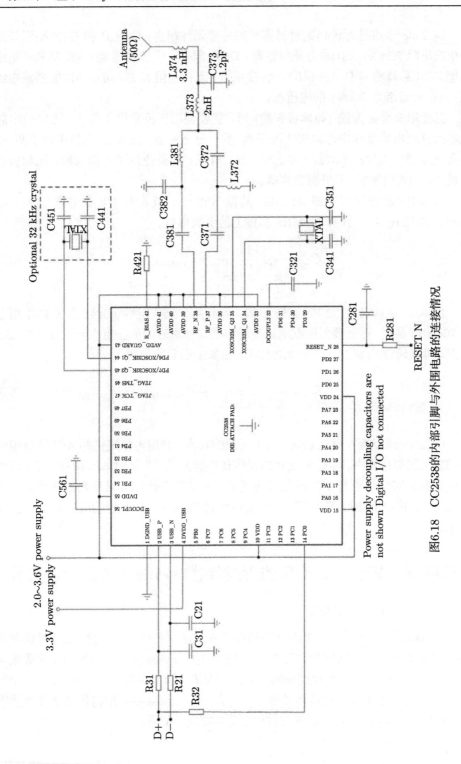

图6.18　CC2538的内部引脚与外围电路的连接情况

CC2538 节点进行操作的时候需要的外部元件很少，USB_P 和 USB_N 引脚需要串联电阻 R21 和 R31 进行阻抗匹配，D+线须有一个上拉电阻 R32。串联电阻应匹配 USB 总线的 90Ω × (1±15%) 特性阻抗。上拉电阻和 DVDD_USB 需要连接到 2.0∼3.6 V(通常为 3.3 V) 的电压源。

当使用非平衡天线 (如单极天线) 时，需要使用巴伦来优化性能。可以使用低成本的分立电感器和电容器来实现平衡–不平衡变换器。图 6.17 中使用的平衡–不平衡变压器由 L372，C372，C382 和 L381 组成。如果使用了平衡天线，比如折叠偶极子，则省略平衡–不平衡变换器。

32 MHz 晶振使用外部 32 MHz 晶振 XTAL1，具有两个负载电容 (C341 和 C351)。通过式 (6.4) 计算 32 MHz 晶振上的负载电容。

$$C_L = \frac{1}{\dfrac{1}{C_{341}} + \dfrac{1}{C_{351}}} + C_{\text{parasitic}} \tag{6.4}$$

XTAL2 是可选的 32.768 kHz 晶振，具有两个负载电容 (C441 和 C451) 用于 32.768 kHz 晶振。在需要低睡眠电流消耗和准确唤醒时间的应用中使用 32.768 kHz 晶振。可以通过式 (6.5) 计算 32.768 kHz 晶振上的负载电容。

$$C_L = \frac{1}{\dfrac{1}{C_{441}} + \dfrac{1}{C_{451}}} + C_{\text{parasitic}} \tag{6.5}$$

CC2538 节点拥有着低功耗、易于开发的特点，利用内核提供的 API 可以很快地构建上层应用程序，搭建所设计的无线传感器网络 [28]。CC2538 接口丰富，可以方便快捷地实现节点与 PC 机之间的通信，可以利用传感器采集数据实现对环境的监控。另外，CC2538 节点可以将系统移植到 TinyOS 之中进行开发，易于维护和升级。

第四节　基于 TinyOS 的无线传感器网络 MAC 协议实现

一、message_t 消息结构体

TinyOS[29,30] 提供了许多组件和接口以方便开发人员进行开发，这些组件很多都是与底层通信相关的接口。在 TinyOS-2.x 之中 message_t 是一种抽象的数据类型，基本上所有的组件都使用 message_t 结构体作为消息缓存区，message_t 中所包含的成员须由使用它的具体平台进行定义 [31]。message_t 结构体的定义存放在 tinyos-2.x/tos/types/message.h 文件中，具体的定义如下：

```
typedef nx_struct message_t {
  nx_uint8_t header[sizeof(message_header_t)];          /*消息头*/
  nx_uint8_t data[TOSH_DATA_LENGTH];                    /*消息数据*/
  nx_uint8_t footer[sizeof(message_footer_t)];          /*消息尾*/
  nx_uint8_t metadata[sizeof(message_metadata_t)]; /*消息元*/
} message_t;
```

message_t 结构体知识定义了成员的名称，并未对成员中的参数进行设置，不同的芯片对于结构体成员参数的设置有着不同的要求。总地来说，message_t 结构体主要分为四部分：header、data、footer 和 metadata。其中的 header 对数据包的长度、DSN、FCF 以及源地址和目的地址的信息进行定义；data 是消息的有效载荷部分，此部分并不需要进行定义；footer 是消息尾；metadata 主要包含了 RSSI 等信息，在射频通信的时候该部分不需要发送出去，只是在发送之前和接收之后提取并写入相应的区域之中。CC2538 中的 message_t 结构体成员的相关定义在 tinyos_2.x/tos/platforms/cc2538cb/platform_message.h 文件中。

1. header 结构体定义

```
typedef union message_header {
  cc2538_header_t cc2538;            /*消息头*/
} message_header_t; typedef nx_struct cc2538_header_tt {
  nxle_uint8_t length;                /*消息头长度*/
  nxle_uint16_t fcf;                  /*帧控制字段*/
  nxle_uint8_t dsn;                   /*消息数据序列号*/
  nxle_uint16_t destpan;              /*消息目的地PAN*/
  nxle_uint16_t dest;                 /*消息目的地址*/
  nxle_uint16_t src;                  /*消息源地址*/
  security_header_t secHdr;           /*消息安全头*/
  nxle_uint8_t network;               /*预留I-Frame*/
  nxle_uint8_t type;                  /*消息类型*/
} cc2538_header_t;
```

2. footer 结构体定义

```
typedef union TOSRadioFooter {
  cc2538_footer_t cc2538;            /*消息尾*/
} message_footer_t;
typedef nx_struct cc2538_header_tt
cc2538_header_t{
  nxle_uint8_t i;
```

```
}cc2538_footer_t;
```

3. metadata 结构体定义

```
typedef union TOSRadioMetadata {
    cc2538_metadata_t cc2538;          /*消息元*/
} message_metadata_t;
typedef nx_struct cc2538_metadata_tt {
    nx_uint8_t rssi;                   /*接收信号强度*/
    nx_uint8_t lqi;                    /*链路质量*/
    nx_uint8_t tx_power;               /*发送功率*/
    nx_bool crc;                       /*CRC校验*/
    nx_bool ack;                       /*应答*/
    nx_bool timesync;                  /*时间同步*/
    nx_uint32_t timestamp;             /*时间戳*/
    nx_uint16_t rxInterval;            /*时隙*/
    nx_uint16_t maxRetries;            /*最大重传次数*/
    nx_uint16_t retryDelay;            /*重传时延*/
}cc2538_metadata_t ;
```

二、 CC2538 射频通信实现

CC2538 提供了一个命令选通处理器 (CSP)，CSP 处理由 CPU 发出的所有命令，监测 MAC 定时计数器事件和 MAC 定时计数器通信，从而实现对节点射频通信的控制。CSP 有两种操作模式：立即执行选通命令和执行程序。立即执行选通命令指的是在选通命令写入 CSP 中之后立即发给射频模块；而执行程序则只能对 CSP 进行控制，也就是说，CSP 从程序存储器中读取一系列的指令进行执行。另外，CSP 还具有 24 字节的短程序存储器，使得可以自动执行 CSMA-CA 算法。CSP 的有关定义在 tinyos_2.x/tos/chips/cc2538 文件夹中，部分定义如下：

```
#define   SSTOP      (0xD2)     /*停止程序执行*/
#define   SNOP       (0xD0)     /*无操作*/
#define   STXCAL     (0xDC)     /*启用和校准TX的频率合成器*/
#define   SRXON      (0xD3)     /*打开接收器*/
#define   STXON      (0xD9)     /*校准后发送*/
#define   STXONCCA   (0xDA)     /*假若CCA指示清除信道，则校准后发送*/
#define   SRFOFF     (0xDF)     /*关闭RX/TX*/
#define   SFLUSHRX   (0xDD)     /*刷新接收FIFO*/
#define   SFLUSHTX   (0xDE)     /*刷新发送FIFO*/
```

```
#define  SACK    (0xD6)     /*发送ACK*/
#define  SACKPEND (0xD7)    /*发送等待位的ACK*/
#define  SKIP(s,c) (0x00 | (((s) & 0x07) << 4) | ((c) & 0x0F))
/*如果'c'为真，则跳过's'指令*/
#define  WHILE(c)  SKIP(0,c)
#define  WAITW(w)  (0x80 | ((w) & 0x1F))  /*等待"w"数量的MAC定时
器溢出*/
#define  WEVENT1  (0xB8)    /*等待MAC定时器比较*/
#define  WAITX    (0xBC)    /*等待CSPX数量的MAC定时器溢出*/
#define  LABEL    (0xBB)    /*设置下一条指令为循环起始*/
#define  RPT(c)   (0xA0 | ((c) & 0x0F))  /*如果条件为真，则跳转到
最后一个标签*/
#define  INT     (0xBA)     /*IRQ_CSP_INT中断*/
```

CC2538 RF 内核中的 FSM 子模块控制 RF 收发器状态、发送器和接收器 FIFO(分别为 TX FIFO 和 RX FIFO) 以及大多数动态控制的模拟信号，如模拟模块的上电和掉电。FSM 提供正确的事件顺序 (例如，在启用接收器或发射器之前执行 FS 校准)，此外它还提供来自解调器的输入帧的逐步处理：读取帧长度、计数接收的字节数、检查 FCS 以及在成功的帧接收之后处理 ACK 帧的自动传输。它在 TX 中执行类似的任务，包括在传输之前执行可选的 CCA，并在传输结束之后自动转到 RX 以接收 ACK 帧。最后，FSM 控制调制器或解调器与 RAM 中的 TX FIFO 或 RX FIFO 之间的数据传输。帧过滤和源匹配通过执行 IEEE 802.15.4 定义的帧过滤和源地址匹配所需的所有操作来支持 RF 内核中的 FSM。

TX FIFO 存储区位于地址 0x4008 8200，RX FIFO 存储区位于地址 0x4008 8000，两个 FIFO 都是 128 字节长。虽然这些存储区用于存储 TX FIFO 和 RX FIFO，但它不受任何方式的保护，因此它仍可在存储器中访问，通常 FIFO 的内容仅由指定的指令操作。TX FIFO 和 RX FIFO 可以通过 RFDATA 寄存器 (0x4008 8828) 访问。写入 RFDATA 寄存器时，数据写入 TX FIFO。读取 RFDATA 寄存器时，从 RX FIFO 读取数据。RX FIFOCNT 和 TX FIFOCNT 寄存器提供有关 FIFO 中数据量的信息。通过发出 ISFLUSHRX(或 SFLUSHRX) 和 ISFLUSHTX(或 SFLUSHTX) 来清除 FIFO 内容。

图 6.19 为 CC2538 射频发送数据流程图，在无 CSMA-CA 的传输模式下，直接执行 STXON 命令进行射频通信，在传输的过程中并不检测传输信道是否空闲；在非时隙的 CSMA-CA 传输模式下，传输开始之后对 CCA 信息进行更新，然后通过查看 CCA 的值来判断信道是否空闲。若信道空闲则可以通过执行 STXONCCA 命令开始进行射频通信；在时隙 CSMA-CA 的传输模式下，先执行 SSAMPLECCA

8888888888888888888

命令对 CCA 信号进行采集，若采集到 CCA 信号则表示信道空闲，然后按照非时隙的 CSMA-CA 模式进行射频通信。右侧的数据缓冲部分是对发送的帧的存储，若缓冲区溢出则无法进行射频通信。

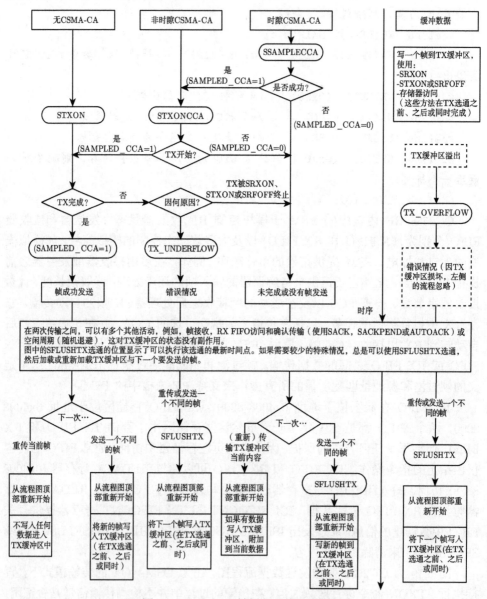

图 6.19　CC2538 射频发送数据流程图

图 6.20 描述的是 CC2538 节点射频通信的数据接收流程图 [32]，当 CC2538 节点芯片接收到数据帧之后，系统产生 RXPKT-DONE 硬件中断，在中断函数中进

行接收数据的处理。首先读取数据包的长度，判断是否小于接收缓存区的长度，假如该包的长度等于回复包的长度则该包是回复包，不需要上层的处理，接收过程直接结束；假如接收的包的长度小于接收缓存区的长度则开始读取 FCF 帧控制信息，然后查看是否需要回复，如果需要回复则发送 ACK 帧，否则继续读取其他数据，最后进行帧校验。

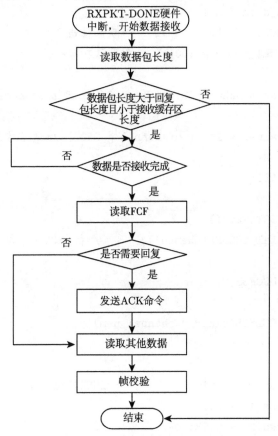

图 6.20 CC2538 节点射频通信的数据接收流程图

TinyOS 提供了基本通信接口 Packet、Send、Receive、AMPacket 和 AMSend 等可以完成对数据帧基本参数的处理，这些文件存放在 tinyos_2.x\tos\interfaces 文件夹中，这些接口都是节点进行通信的过程中要使用到的接口，开发人员也可以自己定义发送包的结构以方便自己进行开发。

三、基于 TinyOS 的轮询控制功能实现

从系统模型进行分析，基于 TinyOS 的轮询系统功能实现主要从以下几个方面进行：

(1) 初始化各节点的各项参数；

(2) 使得每个簇内节点的数据到达过程近似服从泊松分布；

(3) 簇头节点以及簇内节点发送接收数据，簇内节点按照完全、门限、限定 ($k = 1$) 三类服务进行数据传输，记录活跃节点发送的数据包个数以及时间。

1. 初始化各节点的各项参数

```
enum CC2538_defaults {
CC2538_DEFAULT_CHANNEL   = 11,   /*默认信道为11*/
CC2538_DEFAULT_POWER = 100,      /*默认功率*/
}
command error_t HALCC2538.setChannel(uint8_t channel)
{
   if ( (channel < 11) || (channel > 26) ) /*通信信道为11~26, 不是
   则返回错误*/
   return FAIL;
   else {
      CC2538TxWait();
      initial_CC2538(channel);      /*初始化信道各项参数*/
      }
   return SUCCESS;
}
void initial_CC2538(uint8_t channel_num)
   {
   atomic{
   ieeeAddress[0] = 0x10;              /*IEEE地址设置*/
   ieeeAddress[1] = 0x3d;
   ieeeAddress[2] = 0x23;
   ieeeAddress[3] = 0;
   ieeeAddress[4] = 0;
   ieeeAddress[5] = 0;
   ieeeAddress[6] = TOS_NODE_ID >> 8;
   ieeeAddress[7] = TOS_NODE_ID;
   /*开启RF内核模块中的时钟处于活跃状态*/
   HWREG(SYS_CTRL_RCGCRFC) = 1;
   /*允许ACK和CRC自动确认*/
HWREG(RFCORE_XREG_FRMCTRL0)=(HWREG(RFCORE_XREG_FRMCTRL0) |
```

```
(RFCORE_XREG_FRMCTRL0_AUTOCRC));
    CC2538ChannelSet(channel_num);        /*设置信道*/
    /*RX设置*/
    HWREG(RFCORE_XREG_FRMFILT0) = 0x0c;
    /*启用帧过滤为0x0D,不启用为0x0C*/
    HWREG(RFCORE_XREG_AGCCTRL1) = 0x15;
    HWREG(RFCORE_XREG_FSCTRL)= 0x5A;
      /*设置射频中断优先级*/
    IntPrioritySet(INT_RFCORERTX, 0);
    halRfReceiveOn();
    halRfEnableRxInterrupt();          /*启用RX中断*/
    }
}
Command error CC2538RFControl.setTransmitPower(unit8_t power){
if(power>0xF5)
mPower=CC2538_DEF_RFPOWER;/*假若超过功率, 设置为默认功率*/
else
mPower=power;
_cc2538_TXPOWER=mPower; /*更新功率寄存器中的值*/
return success;
}
command error_t HALCC2538Control.start()  /*射频开启控制接口*/
{
  CC2538RxEnable();
  initial_CC2538(CC2538_DEFAULT_CHANNEL);
  return SUCCESS;
}
```

2. 簇内节点数据的到达服从泊松分布

```
double Poisson(double lamda,uint16_t m){
double x=0,b=1,cdf=exp(-lamda),u;
while(b>=c){
u=(double)m/Rand_Max;
m=rand()%Rand_Max;
b*=u;
x++;
```

```
      }
    return x;
    }
```

3. 簇头节点和簇内节点收发数据以及转换访问节点的实现

簇头节点在系统进行初始化工作之后，开始向轮询顺序号为 1 的节点发送唤醒通知，直到该节点数据发送完毕后向下一节点发送信标帧唤醒并开始进行通信，簇头节点依次对簇内节点进行访问。相关变量的定义如下：

```
    nx_struct echo_state {           /*结构体变量定义*/
    nx_int8_t cmd;                   /*控制收发器状态*/
    nx_int8_t node_id;               /*节点号*/
    nx_uint16_t seqno;               /*剩余包数目计数*/
    nx_uint8_t lxfs;                 /*轮询方式，1为门限服务，2为完全
服务，3为限定服务*/
    } m_data;
    nx_uint16_t count;               /*需要发送的包数目*/
    enum {
      SVC_PORT = 10210,              /*端口*/
      CMD_ECHO = 1,
      CMD_REPLY = 2,
    };
```

簇头节点首先对首个节点发送唤醒通知，之后进行通信，核心实现代码如下：

```
    event void Boot.booted() {/*初始化后向首个节点发送唤醒通知事件*/
      call SplitControl.start();
      call Sock.bind(SVC_PORT);
      m_data.cmd=CMD_ECHO;          /*装载数据，CMD_ECHO代表收发器处于打
开状态*/
      m_data.lxfx=1;                /*假设按照门限服务方式进行发送*/
      inet_pton6("fe80::212:6d4c:4f00:2", &dest.sin6_addr);
      dest.sin6_port = htons(SVC_PORT);      /*绑定端口*/
      call Sock.sendto(&dest, &m_data, sizeof(m_data));
    }
    event void SplitControl.startDone(error_t e) {}
    event void SplitControl.stopDone(error_t e) {}
    /*接收数据处理事件*/
    event void Sock.recvfrom(struct sockaddr_in6 *src, void*payload,
```

```
                        uint16_t len, struct ip6_metadata *meta){
    nx_struct echo_state *cmd = payload;
    if(cmd.seqno==0)
    {
      *src->next;       /*假若无数据包接收则转入对下一个节点进行服务*/
      inet_pton6(*src, &dest.sin6_addr);
      m_data.cmd=CMD_ECHO;
    dest.sin6_port = htons(SVC_PORT);       /*绑定端口*/
    call Sock.sendto(&dest, &m_data, sizeof(m_data));
    }
/*如果包还没接收完成，则将收到包的源地址以及包的个数通过串口打印*/
    else {
    printf("Receive from:%d, reply seqno: %d\n", cmd->node_id, cmd-
>seqno);
    call Leds.led2Toggle();
    }
}
```

簇内节点则在接收到信标帧后开始进行工作，读取存储器中的信息分组数，按照事先制定好的轮询方式发送数据，先对接收事件进行说明，其核心代码如下：

```
implementation {
  nx_uint8_t lxfspd;
  event void Boot.booted() {       /*启动事件*/
    call SplitControl.start();
    m_data.seqno = 0;
    count=Poisson(lamda,m);       /*生成泊松数*/
  }
  event void SplitControl.startDone(error_t e) {
    call Sock.bind(SVC_PORT);   /*端口绑定*/
}
  event void SplitControl.stopDone(error_t e) {}
/* 接收事件，接收到数据后对数据进行处理*/
 event void Sock.recvfrom(struct sockaddr_in6 *src, void *payload,
                    uint16_t len, struct ip6_metadata *meta){
    nx_struct echo_state *cmd = payload;
    lxfspd=cmd.lxfs;
```

```
printf("Receive from:%d , reply cmd: %d\n", cmd->node_id,
    cmd->cmd); call Timer.startPeriodic(2048);
  }
}
```

簇内节点接收到簇头节点发送而来的信息后,对 lxfs 字段进行判断,然后按照相应的服务方式进行发送,具体的实现代码如下:

```
nx_uint8_t number;
nx_uint8_t temp;
```

以下为门限服务方式进行数据发送:

```
if(lxfspd==0){    /*按门限方式进行发送*/
```

/*从内存中读取包的数目,然后此期间到达的信息分组数存入内存之中,直到之前存入的信息分组数为空停止发送*/

```
temp=count;
count=0;
for(int j=0;j<temp;j++){
struct sockaddr_in6 dest;
inet_pton6("fe80::212:6d4c:4f00:1",&dest.sin6_addr);/*地址转换*/
dest.sin6_port = htons(SVC_PORT);
m_data.cmd = CMD_ECHO;        /*数据装载*/
m_data.node_id=TOS_NODE_ID;
m_data.seqno = temp--;
    /*开始发送数据,如果temp大于0则持续发送*/
if(temp>0){
call Sock.sendto(&dest, &m_data, sizeof(m_data));
call Leds.led0Toggle();
    }
else
call SplitControl.stop();
seqo=Poisson(lamda,m);/*生成泊松数,将此段生成的信息分组数目计入*/
count=count+seqo;
call Leds.led1Toggle();
    }
}
```

完全服务方式是将簇内节点中之前到达的信息分组数进行发送,在发送期间到达的信息分组数也将发送出去,以下为完全服务方式进行数据发送的核心实现代码：

```
if(lxfspd==1){     /* 按完全服务方式进行发送*/
```

/* 完全服务方式从存储器中读取包的数目，此期间到达的信息分组数也将进行发送，直到之前存入的信息分组数为空才停止发送*/

```
temp=count;
count=0;
for(int j=0;j<temp;j++){
struct sockaddr_in6 dest;
inet_pton6("fe80::212:6d4c:4f00:1", &dest.sin6_addr);   /*地址转换*
/dest.sin6_port = htons(SVC_PORT);
m_data.cmd = CMD_ECHO;            /*数据装载*/
m_data.node_id=TOS_NODE_ID;
m_data.seqno = temp--;
      /*开始发送数据，如果temp大于0则持续发送*/
if(temp>0){
call Sock.sendto(&dest, &m_data, sizeof(m_data));
call Leds.led0Toggle();
seqo= Poisson(lamda,m); /*生成泊松数，将此段生成的信息分组数目计入*
/temp=temp+seqo;
call Leds.led1Toggle();
    }
else
call SplitControl.stop();
  }
}
```

限定服务方式是在对簇内节点进行服务时，每次只发送限定个信息分组数，在发送期间到达的信息分组数将转入下一次服务时进行发送，以下为限定服务方式进行数据发送的核心实现代码：

```
if(lxfspd==2){     /* 按限定服务方式进行发送*/
```

/* 每次只发送限定个信息分组数，发送期间到达的信息分组数存入存储器之中，发送完成后转入下一节点进行服务*/

```
temp=1;
count=0;
for(int j=0;j<temp;j++){
struct sockaddr_in6 dest;
```

```
inet_pton6("fe80::212:6d4c:4f00:1", &dest.sin6_addr); /*地址转换*/
dest.sin6_port = htons(SVC_PORT);
m_data.cmd = CMD_ECHO;/*数据装载*/
m_data.node_id=TOS_NODE_ID;
m_data.seqno = temp--;
    /*开始发送数据，如果temp大于0则持续发送*/
if(temp>0){
call Sock.sendto(&dest, &m_data, sizeof(m_data));
call Leds.led0Toggle();
 }
else
call SplitControl.stop();
seqo= Poisson(lamda,m);/*生成泊松数，将此段生成的信息分组数目计入*/
count=count+seqo;
call Leds.led1Toggle();
 }
}
```

第五节　三类轮询控制系统实施研究

TinyOS 是一种开源的操作系统, 对于现阶段的许多节点都有着不错的开发支持, 使用嵌入式 Markov 链和概率母函数的方法对三类轮询控制系统模型进行分析, 得到系统的平均排队队长和平均时延等相关性能参数。实验选择 TI 公司的 CC2538 节点作为无线传感器网络节点, 组建实验的硬件平台, 以 TinyOS 操作系统作为实验的软件开发平台, 然后将 TinyOS 移植入 CC2538 节点之中, 在此基础之上实施三类轮询控制系统。

一、 实施系统工作条件

设定系统的工作条件 [33,34] 如下:

(1) 簇内节点中的信息分组进入节点中的过程服从相互独立的同分布泊松分布, 其概率母函数为 $A(z)$, 均值为 $\lambda = A'(1)$, 方差为 $\sigma_\lambda^2 = A''(1) + \lambda - \lambda^2$;

(2) 服务器对于每一簇内节点的服务时间服从相互独立的同分布概率分布, 其概率母函数为 $B(z)$, 均值为 $\beta = B'(1)$, 方差为 $\sigma_\beta^2 = B''(1) + \beta - \beta^2$;

(3) 服务器对某个节点进行服务后, 转入下一个节点时所花费的查询转换时间服从相互独立的同分布概率分布, 其概率母函数为 $R(z)$, 均值为 $\gamma = R'(1)$, 方差

为 $\sigma_\gamma^2 = R''(1) + \gamma - \gamma^2$。

设定系统工作的参数如表 6.4 所示。

表 6.4 系统参数

参数名	取值	参数名	取值
查询转换时间	50	信息分组长度	100bit
数据率	250kbit/s	γ	1
β	2	N	5

通过对三类轮询控制系统分别进行实施，记录簇内节点中每个信息分组从进入节点到发送出去的时间，计算出系统内所有信息分组的平均排队队长和平均时延的实验值。理论值则是由第二章中所分析的三类轮询控制系统的平均排队队长和平均时延计算公式得出。

二、三类轮询控制系统实施结果分析

表 6.5、表 6.6 中列出了经过计算的三类轮询控制系统的平均排队队长以及平均时延的理论值与实验值进行比较的结果。

表 6.5 三类轮询控制系统平均排队队长理论值与实验值比较

λ	门限服务方式		完全服务方式		限定 $(k=1)$ 服务方式	
	理论值	实验值	理论值	实验值	理论值	实验值
0.01	0.0309	0.0381	0.0301	0.0375	0.0315	0.0407
0.02	0.0364	0.0451	0.0354	0.0421	0.0376	0.0495
0.03	0.0455	0.0546	0.0450	0.0534	0.0573	0.0680
0.04	0.0530	0.0643	0.0526	0.0624	0.0860	0.0984
0.05	0.0645	0.0743	0.0621	0.0732	0.1023	0.1113
0.06	0.0756	0.0846	0.0720	0.0806	0.1411	0.1645
0.07	0.0890	0.0976	0.0840	0.0954	0.1630	0.2198
0.08	0.1108	0.1244	0.1035	0.1267	0.2524	0.2835

表 6.6 三类轮询控制系统平均时延理论值与实验值比较

λ	门限服务方式		完全服务方式		限定 $(k=1)$ 服务方式	
	理论值	实验值	理论值	实验值	理论值	实验值
0.01	6.0914	6.1765	6.0126	6.1547	6.1578	6.4354
0.02	6.6423	6.7912	6.5448	6.6265	6.8626	7.4425
0.03	7.5518	7.7914	7.5039	7.7048	7.9348	8.7174

续表

λ	门限服务方式		完全服务方式		限定 $(k=1)$ 服务方式	
	理论值	实验值	理论值	实验值	理论值	实验值
0.04	8.3048	8.5521	8.2647	8.6136	9.8035	9.3852
0.05	9.4568	9.7814	9.2105	9.8204	11.6357	13.1472
0.06	10.5617	10.9438	10.2096	10.8368	15.1135	17.0142
0.07	11.9018	12.9371	11.4017	11.7314	19.3047	22.0358
0.08	14.0063	15.5614	13.3153	14.1472	29.2358	35.0142

通过对比表 6.5、表 6.6 中数据可以看出：

(1) 三类轮询控制系统中平均排队队长和平均时延的理论值与实验值有着较为相近的结果，其平均排队队长都随着信息分组到达率的增加而增加，尤其是限定 $(k=1)$ 轮询服务系统增加得更为迅速，这与其每次只发 k 个信息分组的轮询机制相关。

(2) 限定 $(k=1)$ 的轮询服务策略相比较于门限服务和完全服务策略有着更长的平均排队队长和平均时延，门限服务和完全服务策略的平均排队队长和平均时延较为接近，基本上门限服务的平均排队队长和平均时延都高于完全服务策略，这与理论值的计算结果较为接近。

(3) 通过理论值与实验值的比较可知，使用的数学模型分析方法较为精确地分析了轮询系统的各项性能指标，是一种行之有效的方法。

第六节　基于 TinyOS 的区分优先级轮询控制系统模型研究

轮询系统的研究一直都是无线传感器网络的研究热点，研究人员完成了基本的轮询系统模型的构建，然而三类轮询系统在很多情况下并不能满足实际应用需求，单独使用某种服务策略进行应用使得系统的性能达不到最优 [35]。因此在此基础上分析研究基于 QoS 保障的区分优先级的轮询控制系统模型，服务器通过区分节点的优先级进行服务，优先级高的节点使用完全服务方式进行服务，优先级低的节点使用门限服务的方式进行服务。优先级高的节点使用完全服务的方式可以保证节点中的信息分组能够在较短的时间内得到服务，因此其相比较于低优先级节点拥有着更小的平均排队队长以及平均时延。

一、系统模型

图 6.21 描述了区分优先级的轮询控制系统模型，其工作原理为在轮询系统中有着两个优先级，轮询系统中的节点有一个节点被标识为高优先级，假设这个节点

为 h，其余的节点都标识为低优先级。区分优先级的轮询控制系统的控制流程为：服务器首先对高优先级的节点 h 使用完全服务的策略进行服务，即节点 h 中的信息为空时才转入下一个节点进行服务，之后对低优先级节点中的某个队列 i 使用门限服务的策略进行服务，在此服务期间到达的信息则转入下一个服务期间进行服务，服务器对低优先级节点 i 服务完成后，转入对高优先级节点 h 进行服务，之后按照相同的方式对节点 $i+1$ 进行服务，依此方式周期性地进行服务。

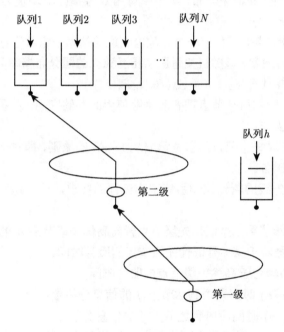

图 6.21　区分优先级的轮询控制系统模型

定义随机变量 $\xi_i(n)$ 为节点 $i(i=1,2,\cdots,N)$ 在 t_n 时刻队列内等待服务的信息分组数，$\xi_h(n)$ 是高优先级节点 h 在 t_n 时刻队列内等待服务的信息分组数。整个系统在 t_n 时刻的状态变量用 $\{\xi_1(n),\xi_2(n),\xi_3(n),\cdots,\xi_N(n),\xi_h(n)\}$ 表示，在 t_{n^*} 时刻的状态变量用 $\{\xi_1(n^*),\xi_2(n^*),\xi_3(n^*),\cdots,\xi_N(n^*),\xi_h(n^*)\}$ 表示，在 t_{n+1} 时刻的状态变量用 $\{\xi_1(n+1),\xi_2(n+1),\xi_3(n+1),\cdots,\xi_N(n+1),\xi_h(n+1)\}$ 表示。

1. 系统工作条件

在系统的工作过程中，系统的工作条件如下：

(1) 低优先级节点中的信息分组进入节点中的过程服从相互独立的同分布泊松分布，其概率母函数为 $A(z)$，均值为 $\lambda=A'(1)$，方差为 $\sigma_\lambda^2=A''(1)+\lambda-\lambda^2$；高优先级节点中的信息分组进入节点中的过程也服从相互独立的同分布泊松分布，其

概率母函数为 $A_h(z)$，均值为 $\lambda_h = A'_h(1)$，方差为 $\sigma^2_{\lambda_h} = A''_h(1) + \lambda_h - \lambda_h^2$。

(2) 服务器对于每一低优先级节点的服务时间服从相互独立的同分布概率分布，其概率母函数为 $B(z)$，均值为 $\beta = B'(1)$，方差为 $\sigma^2_{\beta} = B''(1) + \beta - \beta^2$；对于高优先级节点的服务时间也服从相互独立的同分布概率分布，其概率母函数为 $B_h(z)$，均值为 $\beta_h = B'_h(1)$，方差为 $\sigma^2_{\beta_h} = B''_h(1) + \beta_h - \beta_h^2$。

(3) 服务器对某个节点进行服务后，转入下一个节点时所花费的查询转换时间服从相互独立的同分布概率分布，其概率母函数为 $R(z)$，均值为 $\gamma = R'(1)$，方差为 $\sigma^2_{\gamma} = R''(1) + \gamma - \gamma^2$。

(4) 高优先级节点对于任何一个时隙内到达的信息分组数进行完全服务所需要的时间是一个随机变量，该随机变量服从相互独立的同分布概率分布，设其概率母函数为 $F_h(z_h)$，并且有 $F_h(z_h) = A_h(B_h(z_h F_h(z_h)))$。

(5) 轮询系统中的所有节点拥有着足够使用的存储空间，在系统进行工作时不会产生信息分组丢失。

(6) 轮询系统对每个节点的服务都服从 FCFS 的原则，即对于节点中先到达的信息分组先进行服务。

按照区分优先级的轮询控制系统工作流程的要求，对于其工作过程中的随机变量作如下定义：

$u_i(n)$：服务器从第 i 个低优先级节点转向高优先级节点 h 的查询转换时间；

$v_i(n)$：服务器对于第 i 号低优先级节点的服务时间；

$v_h(n^*)$：服务器对于高优先级节点的服务时间；

$\mu_j(u_i)$：在 $u_i(n)$ 时间段内到达节点 j 的信息分组数；

$\eta_j(v_i)$：在 $v_i(n)$ 时间段内到达节点 j 的信息分组数；

$\eta_j(v_h)$：在 $v_h(n^*)$ 时间段内到达节点 j 的信息分组数。

假设服务器在 t_n 时刻完成了对低优先级节点 i 的服务，经过一段查询转换时间完成从低优先级节点 i 到高优先级节点 j 的查询转换，之后服务器在 t_{n^*} 时刻以完全服务的方式对节点 j 开始进行服务，服务完成后服务器又开始对第 $i+1$ 号节点进行服务，因此对于区分优先级的轮询控制系统，有着以下关系：

$$
\begin{cases}
\xi_{ih}(n^*) = \mu_h(u_i) + \eta_h(v_i) \\
\xi_i(n^*) = \mu_i(u_i) + \eta_i(v_i) \\
\xi_j(n^*) = \xi_j(n) + \mu_j(u_i) + \eta_j(v_i) \\
\xi_k(n+1) = \xi_k(n^*) + \eta_k(v_h) \\
\xi_h(n+1) = 0
\end{cases}
\tag{6.6}
$$

其中 $i \neq j$，$\xi_{ih}(n^*)$ 为服务器从第 i 号节点转换到高优先级节点 h 时，节点 h 中的信息分组数目。

2. 系统的概率母函数

在 Markov 链的稳态条件 $N\rho + \rho_h < 1$ 下，其系统状态变量的定义如下：

$$\lim_{n \to \infty} P[\xi_j(n) = x_j; j = 1, 2, \cdots, N, h] = \pi_i(x_1, x_2, \cdots, x_i, \cdots, x_N, x_h) \tag{6.7}$$

其中 $\pi_i(x_1, x_2, \cdots, x_i, \cdots, x_N, x_h)$ 的概率母函数可由式 (6.8) 进行计算：

$$
\begin{aligned}
&G_i(z_1, z_2, \cdots, z_N, z_h) \\
&= \sum_{x_1=0}^{\infty} \sum_{x_2=0}^{\infty} \cdots \sum_{x_i=0}^{\infty} \cdots \sum_{x_N=0}^{\infty} \pi_i(x_1, x_2, \cdots, x_i, \cdots x_N, x_h) \\
&\quad \cdot z_1^{x_1} z_2^{x_2} \cdots z_i^{x_i} \cdots z_N^{x_N} z_h^{x_h}
\end{aligned}
\tag{6.8}
$$

式中 $i = 1, 2, \cdots, N$。在 t_{n^*} 时刻的系统状态变量概率母函数为

$$
\begin{aligned}
&G_{ih}(z_1, z_2, \cdots, z_N, z_h) \\
&= \lim_{t \to \infty} E \left[\prod_{i=1}^{N} z_i^{\xi_i(n^*)} z_h^{\xi_h(n^*)} \right] \\
&= R_i \left[\prod_{j=1}^{N} A_j(z_j) A_h(z_h) \right] \cdot G_i \left[z_1, z_2, \cdots, B_i \left(\prod_{j=1}^{N} A_j(z_j) A_h(z_h) \right), z_{i+1}, \cdots, z_N, z_h \right]
\end{aligned}
\tag{6.9}
$$

其中 $i, j = 1, 2, \cdots, N$，且 $i \neq j$。在 t_{n+1} 时刻的系统状态变量概率母函数为

$$
\begin{aligned}
&G_{i+1}(z_1, z_2, \cdots, z_N, z_h) \\
&= \lim_{t \to \infty} E \left[\prod_{i=1}^{N} z_i^{\xi_i(n+1)} z_h^{\xi_h(n+1)} \right] \\
&= G_{ih} \left[z_1, z_2, \cdots, z_N, B_h \left(\prod_{j=1}^{N} A_j(z_j) F \left(\prod_{j=1}^{N} A_j(z_j) \right) \right) \right]
\end{aligned}
\tag{6.10}
$$

其中 $i, j = 1, 2, \cdots, N$，且 $i \neq j$。

二、平均排队队长分析

定义 $g_i(j)$ 为服务器在对节点 i 进行服务时，节点 j 中的存储器中的平均信息分组数。$g_i(j)$ 可由式 (6.11) 进行计算：

$$g_i(j) = \lim_{z_1, z_2, \cdots, z_N, z_h} \frac{\partial G_i(z_1, z_2, \cdots, z_N, z_h)}{\partial z_j} \tag{6.11}$$

将式 (6.9) 代入式 (6.11) 中, 并且变换参数可以得到

$$g_{ih}(i) = \lambda\gamma + \lambda\beta g_i(i) \tag{6.12}$$

$$g_{ih}(j) = \lambda\gamma + g_i(j) + \lambda\beta g_i(i), \quad j = 1, 2, \cdots, N; j \neq i \tag{6.13}$$

$$g_{ih}(h) = \lambda_h\gamma + g_i(h) + \lambda_h\beta g_i(i) \tag{6.14}$$

将式 (6.10) 代入式 (6.11) 中, 并且变换参数可以得到

$$g_{i+1}(i) = g_{ih}(i) + \beta_h g_{ih}(h)[\lambda + \lambda F'(1)] \tag{6.15}$$

$$g_{i+1}(j) = g_{ih}(j) + \lambda\beta_h g_{ih}(h) + \lambda\beta_h g_{ih}(h)F'(1) \tag{6.16}$$

将式 (6.12)~ 式 (6.14) 代入式 (6.15) 中, 可得

$$g_{i+1}(i) = \lambda\gamma + \lambda\beta g_i(i) + \lambda\beta_h[1 + F'(1)][\lambda_h\gamma + g_i(h) + \lambda_h\beta g_i(i)] \tag{6.17}$$

$$g_{i+1}(j) = \lambda\gamma + g_i(j) + \lambda\beta g_i(i) + \lambda\beta_h[1 + F'(1)][\lambda_h\gamma + g_i(h) + \lambda_h\beta g_i(i)] \tag{6.18}$$

$$g_{i+1}(h) = 0 \tag{6.19}$$

$$g_i(h) = 0 \tag{6.20}$$

对于式 (6.18) 中的 $g_{i+1}(j)$ 进行 $\sum_{i=1}^{N}$ 累加求和, 并将式 (6.20) 代入求解得到

$$g_j(j) = \lambda\gamma N + \lambda\beta N g_i(i) + \lambda\beta_h N[1 + F'(1)][\lambda_h\gamma + \lambda_h\beta g_i(i)] \tag{6.21}$$

可求解得

$$F'(1) = \frac{\lambda_h\beta_h}{1 - \lambda_h\beta_h} \tag{6.22}$$

将式 (6.22) 代入式 (6.21) 可得低优先级节点的平均排队队长为

$$g_i(i) = \frac{\lambda\gamma N}{1 - \rho_h - N\rho} \tag{6.23}$$

其中 $\rho = \lambda\beta, \rho_h = \lambda_h\beta_h$。

将式 (6.23) 代入式 (6.14), 可得高优先级节点的平均排队队长为

$$g_{ih}(h) = \frac{\lambda_h\gamma(1 - \rho_h)}{1 - \rho_h - N\rho} \tag{6.24}$$

三、平均时延分析

信息分组的平均时延指的是每个信息分组从进入节点之后到发送的这部分等待时间,通过计算系统概率母函数的二阶特性可以计算系统的平均时延。分别通过计算 $g_i(j)$、$g_i(i,i)$ 以及 $g_{ih}(h,h)$ 得到区分优先级的轮询控制系统中高优先级节点的平均时延为

$$E(w_h) = \frac{g_{ih}(h,h)}{2\lambda_h g_{ih}(h)} - \frac{(1-2\rho_h)A_h''(1)}{2\lambda_h^2(1-\rho_h)} + \frac{\lambda_h B_h''(1)}{2(1-\rho_h)} \tag{6.25}$$

低优先级节点的平均时延为

$$E(w) = \frac{(1+\rho)g_i(i,i)}{2\lambda g_i(i)} \tag{6.26}$$

四、区分优先级的轮询控制系统设计研究

以分簇的方式对无线传感器网络进行拓扑控制,可以有效地对无线传感器网络节点进行管理 [36,37],因此采用分簇的方式对区分优先级的轮询控制系统实行拓扑控制。由于区分优先级的轮询控制系统中存在优先级高低问题,因此建立优先级字段对节点的优先级进行辨识。

(一) 区分优先级的轮询控制功能设计

为了能够有效地对网络内节点的优先级进行控制,针对 MAC 帧结构进行设计。如图 6.22 所示,在命令帧的基础上根据优先级的要求添加优先级字段,在开始进行传输时簇头节点首先对无线传感器网络中的节点广播该命令帧,告知传感器网络中簇内节点的优先级。

帧控制	序列码	寻址信息	优先级	安全头	数据载荷	FCS

图 6.22 MAC 命令帧结构设计

广播完成之后,在服务器服务的过程中使用的 MAC 帧采用第四章中介绍的帧结构,依然以超帧为周期进行通信。簇头节点存储着服务器依次进行服务的顺序以方便对轮询系统工作流程的控制,因此在服务器对节点进行服务的过程中,建立轮询表来进行对服务过程中的优先级分辨以及查询顺序的记录。表 6.7 描述了簇内节点查询顺序号、节点地址以及优先级之间的关系。由于是区分优先级的轮询控制系统,采用优先级 1、2 来代表节点的优先级,1 代表高优先级的节点,2 代表低优先级的节点。

表 6.7　区分优先级的轮询控制系统轮询表

查询顺序号	节点地址	优先级
1	fe80::212:6d4c:4f00:2	1
2	fe80::212:6d4c:4f00:6	2
3	fe80::212:6d4c:4f00:4	2
4	fe80::212:6d4c:4f00:3	2
5	fe80::212:6d4c:4f00:5	2

为了方便对轮询系统的控制,将高优先级 2 号节点放于轮询的第一位,服务器首先对 2 号节点进行访问并按照完全服务的方式进行服务,之后对查询顺序号为 2 的 6 号节点进行访问并以门限服务的方式进行服务,对 6 号节点服务完成之后再转向 2 号节点进行服务,2 号节点服务完成之后再转向 4 号节点进行服务,依此查询顺序进行周期性的服务,当服务器服务到 5 号节点后转入的下一个低优先级节点为 6 号节点。

(二) 区分优先级的轮询控制系统实施

对于区分优先级的轮询控制系统而言,其存在优先级不同的节点,因此针对不同优先级的节点有着不同的处理方法,主要分为以下几部分来实现区分优先级的轮询控制系统:

(1) 簇头节点查询转换对簇内节点进行服务;

(2) 簇内节点按照优先级进行划分,优先级为 1 的节点和优先级为 2 的节点对数据的处理方式不同,需要进行分别设计。

1. 簇头节点服务功能设计

簇头节点初始化工作完成之后对轮询表中查询顺序号为 1 的高优先级节点进行服务,其消息结构体不再按照轮询方式进行判断,采用优先级进行判断。簇头节点的地址设置为 fe80::212:6d4c:4f00:1,相关变量的定义如下:

```
nx_struct echo_state {    /*结构体变量定义*/
nx_int8_t cmd;           /*控制收发器状态*/
nx_int8_t node_id;       /*节点号*/
nx_uint16_t seqno;       /*剩余包数目计数*/
nx_uint8_t level;        /*节点优先级,1为高优先级,2为低优先级*/
} m_data;
```

簇头节点的工作状态与第四章中的簇头功能设计基本相同,都是在接收到数据后对其中的剩余信息分组数进行判断,若信息分组数已经发送完毕则按轮询顺序转入下一个节点进行服务,否则将接收到的信息分组数信息通过串口进行打印。

　　2. 簇内节点服务功能设计

　　簇内节点由于存在优先级的不同，因此有着不同的服务方式。优先级为 1 的节点按照完全服务的方式进行，优先级为 2 的节点按照门限服务的方式进行，并依据轮询表进行周期性服务。优先级为 1 的节点的核心设计代码如下：

```
nx_uint8_t number;
nx_uint8_t temp;
implementation {
  nx_uint8_t levelpd;
  event void Boot.booted() {      /*启动事件*/
  call SplitControl.start();
  m_data.seqno = 0;
  count=Poisson(lamda,m);    /*生成泊松数*/
  }
  event void SplitControl.startDone(error_t e) {
    call Sock.bind(SVC_PORT);    /*端口绑定*/
if(levelpd==1){    /*优先级为1，按完全服务方式进行发送*/
temp=count;
count=0;
for(int j=0;j<temp;j++){
struct sockaddr_in6 dest;
inet_pton6("fe80::212:6d4c:4f00:1",&dest.sin6_addr);/*地址转换*/
dest.sin6_port = htons(SVC_PORT);
m_data.cmd = CMD_ECHO;             /*数据装载*/
m_data.node_id=TOS_NODE_ID;
m_data.seqno = temp--;
    /*开始发送数据,如果temp大于0则持续发送*/
if(temp>0){
call Sock.sendto(&dest, &m_data, sizeof(m_data));
call Leds.led0Toggle();
seqo=Poisson(lamda,m);/*生成泊松数,将此段生成的信息分组数目计入*/
temp=temp+seqo;
call Leds.led1Toggle();
    }
else
```

```
call SplitControl.stop();
 }
   }
}
  event void SplitControl.stopDone(error_t e) {}
/*接收事件，接收到数据后对数据进行处理*/
 event void Sock.recvfrom(struct sockaddr_in6 *src, void *payload,
                 uint16_t len, struct ip6_metadata *meta){
    nx_struct echo_state *cmd = payload;
    levelpd=cmd.level;
    call Timer.startPeriodic(2048);
  }
}
```

优先级为 2 的节点接收部分与优先级为 1 的节点相同，主要在接收的过程中对优先级进行判断，其核心设计代码如下：

```
nx_uint8_t number;
nx_uint8_t temp;
if(levelpd==2){      /*按门限方式进行发送*/
temp=count;
count=0;
for(int j=0;j<temp;j++){
struct sockaddr_in6 dest;
inet_pton6("fe80::212:6d4c:4f00:1",&dest.sin6_addr);/*地址转换*/
dest.sin6_port = htons(SVC_PORT);
m_data.cmd = CMD_ECHO;          /*数据装载*/
m_data.node_id=TOS_NODE_ID;
m_data.seqno = temp--;
    /*开始发送数据，如果temp大于0则持续发送*/
if(temp>0){
call Sock.sendto(&dest, &m_data, sizeof(m_data));
call Leds.led0Toggle();
    }
else
call SplitControl.stop();
seqo=Poisson(lamda,m);/*生成泊松数,将此段生成的信息分组数目计入*/
```

```
count=count+seqo;
call Leds.led1Toggle();
  }
}
```

(三) 实施结果分析

1. 区分优先级的轮询控制系统实施工作条件

为了便于与之前的三类轮询控制系统实施的结果进行比较，设定的系统实施条件与本章第五节中的系统参数相一致，如表 6.8 所示。

表 6.8　系统参数

参数名	取值	参数名	取值
查询转换时间	50μs	信息分组长度	100bit
数据率	250kbit/s	γ	1
β	2	N	5

2. 区分优先级的轮询控制系统理论值与实验值比较

表 6.9、表 6.10 描述了区分优先级的轮询控制系统中优先级为 1 和 2 的节点，同样记录每个信息分组从到达节点至发送出去的等待时间，对高优先级和低优先级节点的平均排队队长及平均时延的理论值与实验值进行比较。

表 6.9　区分优先级的轮询控制系统平均排队队长理论值与实验值比较

$\lambda = \lambda_h$	高优先级节点		低优先级节点	
	理论值	实验值	理论值	实验值
0.01	0.0124	0.0189	0.0304	0.0376
0.02	0.0144	0.0245	0.0352	0.0460
0.03	0.0162	0.0287	0.0448	0.0543
0.04	0.0173	0.0321	0.0517	0.0648
0.05	0.0194	0.0387	0.0632	0.0714
0.06	0.0212	0.0410	0.0734	0.0838
0.07	0.0234	0.0450	0.0873	0.0985
0.08	0.0261	0.0512	0.1075	0.1304

表 6.10　区分优先级的轮询控制系统平均时延理论值与实验值比较

$\lambda = \lambda_h$	高优先级节点		低优先级节点	
	理论值	实验值	理论值	实验值
0.01	1.2125	1.2617	6.0614	6.1821
0.02	1.4001	1.4978	6.5741	6.6871

$\lambda = \lambda_h$	高优先级节点		低优先级节点	
	理论值	实验值	理论值	实验值
0.03	1.5106	1.6012	7.5412	7.7814
0.04	1.6421	1.7364	8.3604	8.6914
0.05	1.7930	1.8647	9.3475	9.9713
0.06	1.9142	1.9948	10.3975	11.2415
0.07	2.1354	2.2630	11.8476	13.1025
0.08	2.2347	2.4138	14.8617	16.7834

通过对比表 6.9、表 6.10 高优先级节点和低优先级节点的平均排队队长及平均时延，区分优先级的轮询控制系统很好地区分了业务的优先级，通过比较表 6.9、表 6.10 中的数据，可以得出以下实验结果。

表 6.9、表 6.10 中在相同负载的情况下高优先级节点和低优先级节点的理论值与实验值都有着较为接近的数值，说明采用嵌入式 Markov 链和概率母函数的方法对区分优先级的轮询控制系统进行分析有着实际的可操作性。

表 6.9 中通过对比高优先级节点和低优先级节点平均排队队长的实验值可以看到，在相同负载情况下高优先级节点拥有着更小的平均排队队长，表 6.10 中在相同负载情况下高优先级节点也拥有着更小的平均时延，因此高优先级节点有着可靠的 QoS 保障。

表 6.9、表 6.10 中的高优先级节点在负载增加的情况下，其平均排队队长和平均时延的增长速率并不是很快，相比较于低优先级节点随负载增加而迅速增长的情况拥有着更好的服务效率，说明采用区分优先级的轮询控制系统对高优先级节点的服务是有着 QoS 保障的。

3. 与门限、完全服务比较

表 6.11、表 6.12 中列出了区分优先级的轮询控制系统高优先级节点和低优先级节点与门限、完全服务相比较，平均排队队长与平均时延的数据。

由于限定 $(k = 1)$ 服务的平均排队队长和平均时延相比较于其他服务方式较大，所以在这里不进行比较。通过对比表 6.11、表 6.12 中的数据可以得出以下结论。

表 6.11、表 6.12 中的高优先级节点在平均排队队长、平均时延上相比较于门限、完全服务方式都有着更小的数值，这再次说明通过区分优先级的轮询控制系统进行服务使得高优先级节点有着更好的服务效率，这与其更快的服务频率有着密不可分的关系。

表 6.11　与门限、完全服务平均排队队长相比较

$\lambda = \lambda_h$	高优先级节点		低优先级节点		门限服务		完全服务	
	理论值	实验值	理论值	实验值	理论值	实验值	理论值	实验值
0.01	0.0124	0.0189	0.0304	0.0376	0.0309	0.0381	0.0301	0.0375
0.02	0.0144	0.0245	0.0352	0.0460	0.0364	0.0451	0.0354	0.0421
0.03	0.0162	0.0287	0.0448	0.0543	0.0455	0.0546	0.0450	0.0534
0.04	0.0173	0.0321	0.0517	0.0648	0.0530	0.0643	0.0526	0.0624
0.05	0.0194	0.0387	0.0632	0.0714	0.0645	0.0743	0.0621	0.0732
0.06	0.0212	0.0410	0.0734	0.0838	0.0756	0.0846	0.0720	0.0806
0.07	0.0234	0.0450	0.0873	0.0985	0.0890	0.0976	0.0840	0.0954
0.08	0.0261	0.0512	0.1075	0.1304	0.1108	0.1244	0.1035	0.1267

表 6.12　与门限、完全服务平均时延相比较

$\lambda = \lambda_h$	高优先级节点		低优先级节点		门限服务		完全服务	
	理论值	实验值	理论值	实验值	理论值	实验值	理论值	实验值
0.01	1.2125	1.2617	6.0614	6.1821	6.0914	6.1765	6.0126	6.1547
0.02	1.4001	1.4978	6.5741	6.6871	6.6423	6.7912	6.5448	6.6265
0.03	1.5106	1.6012	7.5412	7.7814	7.5518	7.7914	7.5039	7.7048
0.04	1.6421	1.7364	8.3604	8.6914	8.3048	8.5521	8.2647	8.6136
0.05	1.7930	1.8647	9.3475	9.9713	9.4568	9.7814	9.2105	9.8204
0.06	1.9142	1.9948	10.3975	11.2415	10.5617	10.9438	10.2096	10.8368
0.07	2.1354	2.2630	11.8476	13.1025	11.9018	12.9371	11.4017	11.7314
0.08	2.2347	2.4138	14.8617	16.7834	14.0063	15.5614	13.3153	14.1472

　　表 6.11、表 6.12 中低优先级节点的平均排队队长、平均时延实验值随负载的增加而增加，其在增长的过程中部分值甚至低于门限服务的实验值，这说明在采用区分优先级的轮询控制系统进行优先级划分时低优先级的节点也得到了一定程度的优化。

　　表 6.11、表 6.12 中低优先级节点的平均排队队长、平均时延在负载增加的过程中，相比较于其他服务方式有着更快的增长速率，这与区分优先级的轮询控制系统访问高优先级节点频率过高有着直接的关系，由于负载的增加，其对高优先级节点的服务时间不断增加，因此低优先级节点的平均排队队长与平均时延增长更为迅速。反观高优先级节点的增长速率是所有服务方式中增长最为缓慢的，因为其有着较快的服务频率且使用的服务策略为完全服务方式，因此尽管负载增加也不会带来较大的平均排队队长与平均时延增长。

　　表 6.11、表 6.12 中的理论值与实验值均存在一定的差距，这与实际运行过程中的环境、系统参数的设置等因素均有着密不可分的关系。

　　总地来说，区分优先级的轮询控制系统的提出有效地保障了无线传感器网络中服务要求较高节点的服务质量，可以有效地区分高优先级节点与低优先级节点，这对于无线传感器网络中业务繁忙的节点有着很好的 QoS 保障。另外，采用嵌入式 Markov 链和概率母函数的方法对区分优先级的轮询控制系统进行系统建模分析能够较为准确地分析系统的各项性能指标。

本 章 小 结

　　MAC 协议通常有随机多址和轮询系统两种控制方式，轮询系统由于其公平性、控制的有效性，在计算机、通信、工业制造等方面有着广泛的应用，本章基于 TinyOS 对轮询系统进行研究。轮询系统一般由一个服务器和 N 个队列构成，主要分为门限、完全和限定三类服务系统，轮询系统的优化和改进一般从查询顺序、服务策略等方面进行。另外，伴随着无线传感器网络技术的发展，在软件方面出现了大量开源的、半开源的以及商业应用的无线传感器网络操作系统，在硬件方面出现了许多面向无线传感器网络应用的廉价、低功耗、高性能微处理器。在对现有无线传感器网络 MAC 协议进行深入分析的基础上，结合轮询控制的思想，提出一种区分优先级的轮询控制 MAC 协议，以实际的硬件节点来探究 MAC 层协议改进和对其性能的验证。本章基于此做了以下的研究：

　　(1) 研究了门限、完全、限定三类轮询系统的数学模型，通过嵌入式 Markov 链和概率母函数的方法，对三类系统的平均排队队长、平均时延展开分析。

　　(2) 基于 TinyOS 的 MAC 协议设计，在 IEEE 802.15.4 MAC 协议的基础上进行，设计了一种以超帧为周期的 MAC 帧结构，对系统工作过程中的轮询控制功能进行了设计。

　　(3) 开发并实施了门限、完全、限定三类轮询系统，以 CC2538 节点作为硬件平台，以 TinyOS 作为软件平台，结合改进的 MAC 帧在实验平台上进行实施，通过计算分析三类轮询系统的实验值与建立的数学模型理论值比较，结果表明建立的数学模型精确分析了三类轮询系统的指标。

　　(4) 研究了区分优先级的轮询控制系统，对区分优先级的轮询控制系统建立数学模型并且在实验平台上实施了该系统，高优先级节点使用完全服务方式，低优先级节点使用门限服务方式，在 MAC 帧结构中添加优先级字段标识节点的优先级，最终将计算得到的系统平均排队队长和平均时延理论值及实验值与门限、完全、限定三类轮询系统进行比较，实验结果表明区分优先级的轮询控制系统有效地区分了中心高优先级节点和低优先级节点，能够保证高优先级节点的服务质量，同时低优先级节点也得到了一定程度的优化。

第七章　基于 FPGA 的区分优先级混合服务两级轮询系统分析研究

第一节　区分优先级的混合服务两级轮询系统模型

当今信息化产业时代背景下，移动用户数量持续增加，爆炸式增长的信息给移动网络带来巨大的压力，如何在有限的带宽资源条件下实现网络加速成为研究热门[38]。传统集中式系统在计算与存储方面的瓶颈日益突出，分布式系统因其可拓展性强、灵活性好等优势得到广泛应用。然而其负载均衡能力有限，无法满足当今网络运行速度方面的性能需求[39]。数字通信过程中传统的数据处理过程受总线吞吐量和 CPU 的双重限制，无法满足实时通信的速度要求，但是 Altera 公司推出的非固化现场可编程门阵列 (FPGA) 集成电路芯片开发周期短，并行计算能力强，可配置性好，控制灵活，在信息采集与存储、硬件加速方面占据优势。

轮询系统问世以来被广泛地应用于无线射频识别 (RFID) 系统标签阅读、故障检测、软件定义网络 (SDN) 监管、智能交通等多个领域，不同的调度策略对轮询系统的性能产生不同的影响，有的研究人员通过优化轮询策略提高车载自组织网络 (VANET) 传输的性能，因此如何对多样性业务的 QoS 特性要求 "因材施教"、综合部署各应用、制定出合适的服务规则、最优化系统性能成为学术界研究的热点。

为实现轮询系统中各节点采集信息的实时处理，降低轮询系统的时延，保证优先级业务处理的及时性，同时兼顾普通节点业务处理的公平性，通过借鉴 Buxton 和 Stephens 对轮询系统的设计理念，采用 FPGA 使用 Verilog HDL 语言对轮询系统硬件电路进行设计，使得单通道总线与多个节点的存储器相连接，通过对中心节点与普通节点的并行访问实现系统 "完全 + 门限" 混合服务两级轮询机制的控制，最后通过功能仿真和量化分析验证了设计的正确性与可行性。

一、系统模型

通过研究一种区分优先级的两级轮询混合服务调度策略[40-45]，使得高优先级业务能够享有更多的信道访问机会，普通业务能够无竞争依次享有信道使用机会，提高信道使用效率。

如图 7.1 所示，两级轮询系统基本模型包括 N 个普通节点、1 个高优先级中心节点。中心节点按照完全规则发送数据，持续发送该节点的数据直至为空，包括该节点在发送过程接收到的数据；普通节点按照门限规则发送数据，只发送该节点获得发送权时刻缓存的数据，不包括该节点在发送过程中接收到的数据。系统首先发送中心节点的信息，发送完成后立即发送非空普通节点的数据，发送结束后又转向查询中心节点，中心节点数据为空后又发送下一普通节点的数据，依次类推。发送完普通节点 N 的数据后进行新一轮的轮询发送。

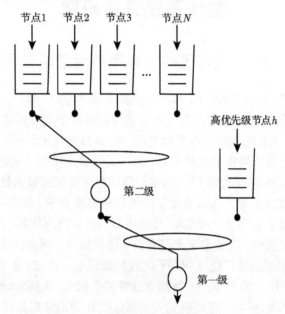

图 7.1　两级轮询系统基本模型

采用嵌入 Markov 链和概率母函数方法对系统进行分析，其工作方式可描述为三个基本过程：信息分组的到达过程 (到达率为 λ)、节点接受发送服务的过程 (单个分组的发送时间为 β)、节点之间的转换过程 (转换时间为 γ)。

$v_i(n)$ 为服务器对 i 号节点中信息分组传输服务的时间，$u_i(n)$ 为服务器从第 i 号节点转向第 $i+1$ 号节点的轮询转换时间，$\mu_j(u_i)$ 为在 $u_i(n)$ 时间内进入第 $j(j=1,2,\cdots,N)$ 号节点的信息分组数，$\eta_j(v_i)$ 为在 $v_i(n)$ 时间内进入第 $j(j=1,2,\cdots,N)$ 号节点中的信息分组数，$A(z)$ 为信息分组到达过程随机变量的概率母函数，$B(z)$ 为服务时间随机变量的概率母函数，$R(z)$ 为轮询转换时间随机变量的概率母函数。

定义随机变量 $\xi_i(n)$ 为第 i 号节点在 t_n 时刻其存储器内存储的信息分组数，那么排队系统在 t_n 时刻的状态可表示为 $[\xi_1(n),\xi_2(n),\cdots,\xi_N(n),\xi_h(n)]$，分布函数为

$$\pi_i(x_1,x_2,\cdots,x_i,\cdots,x_N,x_h) = \lim_{n\to\infty} P[\xi_j(n) = x_j] \tag{7.1}$$

稳态下系统概率母函数可表示为

$$G_i(z_1, z_2, \cdots, z_N, z_h) = \sum_{x_1=0}^{\infty} \cdots \sum_{x_i=0}^{\infty} \cdots \sum_{x_N=0}^{\infty} \pi_i(x_1, x_2, \cdots, x_i, \cdots, x_N, x_h)$$
$$\cdot z_1^{x_1} z_2^{x_2} \cdots z_i^{x_i} \cdots z_N^{x_N} z_h^{x_h} \tag{7.2}$$

当服务器在 t_{n+1} 时刻开始对第 $i+1$ 号节点进行服务时，有关系

$$\begin{cases} \xi_{ih}(n^*) = \eta_h(v_i) + \mu_h(u_i) \\ \xi_i(n^*) = \eta_i(v_i) + \mu_i(u_i) \\ \xi_j(n^*) = \eta_j(v_i) + \mu_j(u_i) + \xi_j(n) \\ \xi_k(n+1) = \xi_k(n^*) + \eta_k(v_h) \\ \xi_h(n+1) = 0 \end{cases} \tag{7.3}$$

其中 $\xi_{ih}(n^*)$ 为服务器从 i 队列转换查询到中心队列时中心队列的信息分组数。t_{n^*} 时刻系统状态变量的概率母函数为

$$G_{ih}(z_1, z_2, \cdots, z_i, \cdots, z_N, z_h)$$
$$= R_i \left[\prod_{j=1}^{N} A_j(z_j) A_h(z_h) \right]$$
$$\cdot G_i \left[z_1, z_2, \cdots, B_i \left(\prod_{j=1}^{N} A_j(z_j) A_h(z_h) \right) z_{i+1}, \cdots, z_N, z_h \right] \tag{7.4}$$

在 t_{n+1} 时刻系统状态变量的概率母函数为

$$G_{i+1}(z_1, z_2, \cdots, z_i, \cdots, z_N, z_h)$$
$$= G_{ih} \left[z_1, z_2, \cdots, z_i, \cdots, z_N, B_h \left(\prod_{j=1}^{N} A_j(z_j) F(\prod_{j=1}^{N} A_j(z_j)) \right) \right] \tag{7.5}$$

其中 $F_h(z_h) = A_h(B_h(z_h F_h(z_h)))$。

二、平均排队队长分析

定义 $g_i(j)$ 为 t_n 时刻第 i 号节点接受服务时，第 j 号节点平均存储信息分组数，则有

$$g_i(j) = \lim_{z_1, z_2, \cdots, z_N, z_h \to 1} \frac{\partial G_i(z_1, z_2, \cdots, z_i, \cdots, z_N, z_h)}{\partial z_j} \tag{7.6}$$

由式 (7.4) 计算得到

$$g_{ih}(k) = \lambda\gamma + g_i(k) + \lambda\beta g_i(i) \tag{7.7}$$

$$g_{ih}(h) = \lambda_h \gamma + g_i(h) + \lambda_h \beta g_i(i) \tag{7.8}$$

计算普通节点平均排队队长，可得

$$g_i(i) = \frac{N\gamma\lambda}{1 - N\rho - \rho_h} \tag{7.9}$$

中心节点平均排队队长为

$$g_{ih}(h) = \frac{\lambda_h \gamma (1 - \rho_h)}{1 - N\rho - \rho_h} \tag{7.10}$$

定义：

$$g_i(j,k) = \lim_{z_1, z_2, \cdots, z_N, z_h \to 1} \frac{\partial^2 G_i(z_1, z_2, \cdots, z_N, z_h)}{\partial z_j \partial z_k} \tag{7.11}$$

由此求出

$$
\begin{aligned}
g_i(i,i) =& \frac{N}{(1 - \rho_h + \rho)(1 - \rho_h - N\rho)}\bigg\{ \lambda^2 R''(1) + \gamma A''(1) - \rho_h \gamma A''(1) \\
&+ (N-1)\cdot \lambda^2\gamma^2 + \frac{1}{1 - \rho_h - N\rho}[N(N+1)\lambda^2 \rho\gamma^2 - \rho\rho_h \gamma A''(1) \\
&+ N\lambda^3 \gamma B''(1) + \rho\cdot\gamma A''(1) - (N-1)\lambda^2 \rho\rho_h\gamma + (N-1)\lambda^2\rho\gamma + 2\lambda^2\rho_h\gamma \\
&+ \lambda^2\beta_h^2\gamma A_h''(1) + \lambda^2\cdot\lambda_h\gamma B_h''(1) - 2\lambda^2\rho_h^2\gamma]\bigg\}
\end{aligned}
\tag{7.12}
$$

$$
\begin{aligned}
g_{ih}(h,h) =& \lambda_h^2 R''(1) + \gamma A_h''(1) + [2\lambda_h^2\beta\gamma + \lambda_h^2 B''(1) + \beta A_h''(1)]\frac{N\lambda\gamma}{1 - \rho_h - N\rho} \\
&+ \frac{N\lambda_h^2\beta^2}{(1 - \rho_h + \rho)(1 - \rho_h - N\rho)}\bigg\{\lambda^2 R''(1) + \gamma A''(1) - \rho_h\gamma A''(1) \\
&+ (N-1)\cdot\lambda^2\gamma^2 + \frac{1}{1 - \rho_h - N\rho}[N\lambda^3\gamma B''(1) - \rho\rho_h\gamma A''(1) \\
&+ N\lambda^2(N+1)\rho\gamma^2 + \rho\cdot\gamma A''(1) - (N-1)\lambda^2\rho\rho_h\gamma + (N-1)\lambda^2\rho\gamma \\
&+ \lambda^2\beta_h^2\gamma A_h''(1) + \lambda^2\lambda_h\gamma B_h''(1) - 2\lambda^2\rho_h^2\gamma + 2\lambda^2\rho_h\gamma]\bigg\}
\end{aligned}
\tag{7.13}
$$

三、平均时延分析

平均时延是指信息分组从到达到被发送出去的等待时间，根据以上公式可求出普通节点的平均时延：

$$E(w) = \frac{(1 + \rho)g_i(i,i)}{2\lambda g_i(i)} \tag{7.14}$$

中心节点的平均等待时间：

$$E(w_h) = \frac{g_{ih}(h,h)}{2\lambda_h g_{ih}(h)} - \frac{(1 - 2\rho_h)A_h''(1)}{2\lambda_h^2(1 - \rho_h)} + \frac{\lambda_h B_h''(1)}{2(1 - \rho_h)} \tag{7.15}$$

第二节　基于 FPGA 的区分优先级混合服务
两级轮询系统实现

FPGA 时序控制能力强，开发周期短，运算速度快，内置很多软核，功能强大，控制灵活。轮询系统由一个服务器与多个通信节点组成，采用原理图与文本输入相结合的方式对系统进行设计，通过一个总线信道与 FPGA 多个并行 FIFO 软核相连接，通过设置状态机控制状态转移，实现对系统资源分配、各节点使用信道发送信息的灵活控制，更加合理地刻画出通信中的信息传输过程。设计由信源模块、节点模块、控制模块和接收模块四部分组成。

一、信源模块

轮询系统中信息分组的产生满足 Markov 特性，服从指定到达率的泊松分布。在此设计部分充分借助于 MATLAB 工具产生服从泊松分布的文档序列并进行格式转换，基于计数器原理设计地址译码电路，利用 FPGA 内置 RAM 软核读取初始化泊松文档数据并同步映射转换到分频后的时序电路中，借助于分频技术实现单个时隙产生多个信息分组的功能，获得服从指定到达率的泊松分布数据。

二、节点模块

轮询系统基于资源共享理论控制各节点无竞争享有信道资源单跳通信，节点兼具存储与发送功能，没有获得服务权限时采集到的信息分组不能及时发送出去被暂时缓存，服务期间则利用全部信道资源向总线传输数据，这种基于点协调 (PCF) 的调度技术有效避免了节点之间的竞争与信息之间的碰撞问题。

系统设计基于分频技术独立控制信息分组的到达过程与节点的服务过程，因此设计中使用异步 FIFO 进行缓存与发送过程的速度匹配，用基本时钟源与分频时钟源独立触发 FIFO 读、写实现两过程的并行处理。节点模块设计框图如图 7.2 所示。

图 7.2 中信源滤波电路功能在于降低信息的冗余度。前述信源部分产生的信息分组包括编码为 10101010 的有效数据与 00000000 的无效信息，滤波电路通过位比较判定数据为有效信息后置高写使能信号，使得节点 FIFO 按照 FCFS 的顺序智能存储有效数据。同时各节点模块的控制器部分在检测到读使能有效后，根据相应的服务规则控制着节点是否结束服务，其"继续发送"信号将作为控制模块的判断凭证进行状态转移。

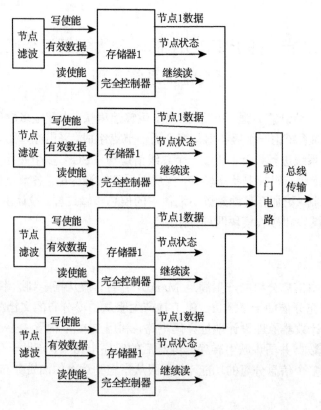

图 7.2　节点模块设计框图

三、控制模块

　　控制模块是系统资源分配、管理的核心,决定着各节点开始、结束服务的时刻,兼顾优先级节点消息的实时性问题与普通节点消息的公平性问题,把各节点排队队长控制在合理范围,避免系统长时间停留于某一相位导致其他节点处于"饥饿"状态。设计通过控制状态转移分配信道资源,图 7.3 是控制模块状态转移图。

　　系统按照中心节点完全服务、普通节点门限服务的规则控制各节点依次享有信道使用权,其具体控制流程为:系统首先发送中心节点的信息,待其信息为空后立刻查询服务普通节点。系统发送完普通节点在获得发送权时已存储的报文分组后停止发送,在一个时隙的转换时间内完成中心节点与下一普通节点信息存储状态的并行查询,判断中心节点是否有待发送信息分组,若有则在转换时间结束后为中心节点提供服务,若无则直接发送下一普通节点的信息分组。若系统轮询普通节点时其信息分组为空,则直接进入一个时钟的转换时间,服务时间为 0。

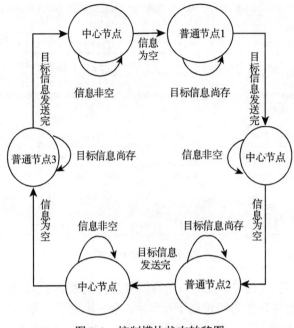

图 7.3　控制模块状态转移图

四、接收模块

接收模块功能是从融合后的总线数据中正确恢复出各节点的信息，与上述控制模块的调度原理相对应，在接收端只需要用同步的控制信号进行相应的选择接收，便能实现各节点信息的正确接收。

五、系统实现及仿真分析

设计中预设单位信息分组的发送时间、相邻节点的转换时间为 1，车辆服从到达率为 0.1 的泊松分布。时钟频率为 50MHz，其时序仿真图如图 7.4 所示。

其中 clk8 是八分频后的时钟信号，是系统工作的基准时间，cp2 是系统轮询周期的统计值，d 信号为各节点发送至总线的数据，pbus 信号为总线传输信息，r 信号为接收模块恢复出的节点信息，s 为节点轮询信号，use1、use2 分别为中心节点 1 与普通节点 2 的时延统计值。根据仿真图可看出：

(1) 接收信号与发送信号相比有两个时钟的延时，两者波形一致，验证了接收端数据恢复的正确性。

(2) 总线上传输的信息为各节点融合信息。

(3) 服务器查询中心节点为空、下一轮询普通节点忙碌时，中心节点服务信号 s1 为低电平，而相应普通节点的服务信号为高电平，验证了设计的并行调度。

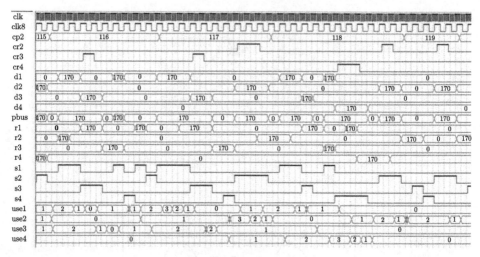

图 7.4　时序仿真图

（4）轮询节点缓存信息非空时，轮询信号意为发送信号，发送结束后 s 信号失效置 0，经一个时钟转换时间轮询下一节点；而在轮询节点为空时，轮询信号意为转换信号，一个时钟后下一节点轮询信号有效，与预设参数转换时间为 1 相符。

（5）中心节点服务结束后其存储容量为 0，验证了其完全服务控制的正确性。

（6）普通节点的门限控制器在检测到服务信号上升沿后根据开始服务时刻缓存信息分组个数与服务过程中已发送的分组个数是否相等控制其继续读取信号 cr，在 clk8 时钟信号触发下，当 cr 信号为低电平时，说明节点开始服务时缓存的数据发送完成，该节点结束服务，s 信号变为低电平。验证了普通节点门限服务控制的正确性。

根据实验仿真图进一步计算出系统性能参数值，如表 7.1 所示。

表 7.1　系统参数理论值与统计值对比

仿真时长 /μs	理论值 $g_i(i)$	统计值 $g_i'(i)$	理论值 $g_{ih}(i)$	统计值 $g_{ih}'(i)$	理论值 $E(w)$	统计值 $E'(w)$	理论值 $E(w_h)$	统计值 $E'(w_h)$
100	0.5	0.5372	0.15	0.1569	3.1167	3.1639	0.4166	0.4131
200	0.5	0.4939	0.15	0.1591	3.1167	3.1652	0.4166	0.3826
300	0.5	0.5014	0.15	0.1623	3.1167	3.0497	0.4166	0.3809
400	0.5	0.4948	0.15	0.1604	3.1167	2.9247	0.4166	0.3753
500	0.5	0.4448	0.15	0.1566	3.1167	2.9345	0.4166	0.3674

由上述表格可以看出：

（1）实验统计值与理论值误差在 10% 左右，验证了设计的正确性；

（2）各普通节点平均排队队长与等待时延基本一致，验证了普通业务处理的公平性；

(3) 中心节点的两个特性参数皆低于普通节点，验证了高优先级业务的实时特性。

本 章 小 结

本章从调度技术方面对多业务系统 QoS 保障机制进行分析，提出区分优先级两级轮询混合服务调度策略，利用 FPGA 进行时序仿真，更加合理地刻画出系统的通信过程。该调度技术基于点协调原理在 MAC 层优化介质访问机制，使得中心节点有更小的排队队长与平均时延、普通节点有相同大小的特性参数，验证了该技术处理优先级业务的实时性与普通业务的公平性，对克服网络运行速度约束、实现区分优先级多业务实时处理有很好的应用价值。

参 考 文 献

[1] Crow B P, Widjaja I, Kim L G, et al. IEEE 802.11 wireless local area networks[J]. IEEE Communications Magazine, 1997, 35(9): 116-126.

[2] Ye W, Heidemann J, Estrin D. Medium access control with coordinated adaptive sleeping for wireless sensor networks[J]. Journal of Electronic Measurement & Instrument, 2004, 12(3): 493-506.

[3] Dam T V, Langendoen K. An adaptive energy-efficient MAC protocol for wireless sensor networks[C]// International Conference on Embedded Networked Sensor Systems. ACM, 2003: 171-180.

[4] Jamieson K, Balakrishnan H, Tay Y C. Sift: A MAC Protocol for Event-Driven Wireless Sensor Networks[M]// Wireless Sensor Networks. Berlin Heidelberg: Springer, 2006: 260-275.

[5] Rajendran V, Obraczka K, Garcia-Luna-Aceves J J. Energy-efficient collision-free medium access control for wireless sensor networks[J]. Wireless Networks, 2006, 12(1): 63-78.

[6] Incel O D, Hoesel L V, Jansen P, et al. MC-LMAC: A multi-channel MAC protocol for wireless sensor networks[J]. Ad Hoc Networks, 2011, 9(1): 73-94.

[7] Kebkal O, Komar M, Kebkal K, et al. D-MAC: Media access control architecture for underwater acoustic sensor networks[C]// Oceans. IEEE, 2011: 1-8.

[8] Ye W, Silva F, Heidemann J S. Ultra-low duty cycle MAC with scheduled channel polling[C]// International Conference on Embedded Networked Sensor Systems. ACM, 2006: 321-334.

[9] Stone K, Colagrosso M. Efficient duty cycling through prediction and sampling in wireless sensor networks[J]. Wireless Communications & Mobile Computing, 2007, 7(9): 1087-1102.

[10] Eu Z A, Tan H P, Seah W K G. Design and performance analysis of MAC schemes for Wireless Sensor Networks Powered by Ambient Energy Harvesting[J]. Ad Hoc Networks, 2011, 9(3): 300-323.

[11] Chen D F, Tao Z S. An adaptive polling interval and short preamble media access control protocol for wireless sensor networks[J]. Frontiers of Computer Science, 2011, 5(3): 300-307.

[12] Pei Q Q, Chen C, Xie W G. Dynamic polling MAC scheme considering emergency access in WSNs based on priorities[J]. China Communications, 2012, 9(4): 45-54.

[13] Zhang Z, Li Z, Chen J. Energy-efficient and low-delay scheduling strategy for low power

wireless sensor network[C]// IEEE International Conference on Green Computing and Communications and IEEE Internet of Things and IEEE Cyber, Physical and Social Computing. IEEE Computer Society, 2013: 626-631.

[14] Ur Rehman M, Drieberg M, Badruddin N. Probabilistic polling MAC protocol with unslotted CSMA for wireless sensor networks (WSNs)[J]. International Conference on Intelligent & Advanced Systems, 2014.

[15] Wu L T, Zhuo S G, Wang Z B, et al. pQueue-MAC: An energy efficient hybrid MAC protocol for event-driven sensor networks[J]. International Journal of Distributed Sensor Networks, 2015, 2015: 1-11.

[16] 杨志军. 两级优先级控制轮询系统理论及应用研究 [M]. 昆明: 云南大学出版社, 2008.

[17] 杨志军, 丁洪伟, 陈传龙. 完全服务和门限服务两级轮询系统 $E(x)$ 特性分析 [J]. 电子学报, 2014, 42(4): 774-778.

[18] 杨志军, 赵东风, 丁洪伟, 等. 两级优先级控制轮询系统研究 [J]. 电子学报, 2009, 37(7): 1453-1456.

[19] Boon M A A, Adan I J B F, Boxma O J. A polling model with multiple priority levels[J]. Elsevier Science Publishers B. V, 2010, 67 (6): 468-484.

[20] 赵光兰. 基于非对称性的门限服务 PCF 问题分析 [D]. 昆明: 云南大学, 2011.

[21] Klues K, Liang C J M, Paek J, et al. TOSThreads: Thread-safe and non-invasive preemption in TinyOS[J]. Physical Review A, 2009, 40 (3): 127-140.

[22] McCartney W P, Sridhar N. Stackless preemptive multi-threading for TinyOS[C]. International Conference on Distributed Computing in Sensor Systems & Workshops, 2011: 1-8.

[23] Levis P, Madden S, Polastre J, et al. TinyOS: An Operating System for Sensor Networks[M]// Ambient Intelligence. Berlin Heidelberg: Springer, 2005: 383-396.

[24] Baronti P, Pillai P, Chook V W C, et al. Wireless sensor networks: A survey on the state of the art and the 802.15.4 and ZigBee standards[J]. Computer Communications, 2007, 30(7): 1655-1695.

[25] Fan X, Song Y L. Improvement on LEACH protocol of wireless sensor network[C]// International Conference on Sensor Technologies & Applications. Sensorcomm. IEEE, 2007: 260-264.

[26] Chong C Y, Kumar S P. Sensor networks: Evolution, opportunities, and challenges[J]. Proceedings of the IEEE, 2013, 91(8): 1247-1256.

[27] Estrin D, Govindan R, Heidemann J, et al. Next century challenges: Scalable coordination in sensor networks[C]//Proceedings of the 5th annual ACM/IEEE international conference on Mobile Computing and Networking. ACM, 1999: 263-270.

[28] Xue G L, Hassanein H. On current areas of interest in wireless sensor networks designs[J]. Computer Communications, 2014, 29(4): 409-412.

[29] 孙利民, 李建中, 陈渝, 等. 无线传感网络 [M]. 北京: 清华大学出版社, 2005.

[30] Akyildiz I F, Melodia T, Chowdhury K R. A survey on wireless multimedia sensor networks[J]. Computer Networks the International Journal of Computer & Telecommunications Networking, 2007, 51(4): 921-960.

[31] Polastre J, Hill J, Culler D. Versatile low power media access for wireless sensor networks[C]//International Conference on Embedded Networked Sensor Systems. ACM, 2004: 95-107.

[32] 赵东风, 郑苏民. 周期查询式门限服务排队系统中信息分组的延迟分析 [J]. 通信学报, 1994, (2): 18-23.

[33] 李外云. CC2530 与无线传感器网络操作系统 TinyOS 应用实践 [M]. 北京: 北京航空航天大学出版社, 2013.

[34] 李士宁. 传感网原理与技术 [M]. 北京: 机械工业出版社, 2014.

[35] Heinzelman W B, Chandrakasan A P, Balakrishnan H. An application-specific protocol architecture for wireless microsensor networks[J]. IEEE Transactions on Wireless Communications, 2000, 1(4): 660-670.

[36] Ibarra E, Antonopoulos A, Kartsakli E, et al. HEH-BMAC: Hybrid polling MAC protocol for WBANs operated by human energy harvesting[J]. Telecommunication Systems, 2015, 58(2): 111-124.

[37] Firyaguna F, Carvalho M M. Performance of polling disciplines for the receiver-initiated binary exponential backoff MAC protocol[J]. Ad Hoc Networks, 2015, 31: 1-19.

[38] Siddiqui S, Ghani S, Khan A A. A study on channel polling mechanisms for the MAC protocols in wireless sensor networks[J]. International Journal of Distributed Sensor Networks, 2015, 2015(3): 1-14.

[39] Esteves V, Antonopoulos A, Kartsakli E, et al. Cooperative energy harvesting-adaptive MAC protocol for WBANs[J]. Sensors, 2015, 15(6): 12635-12650.

[40] Jeongseok Y, Laihyuk P, Junho P, et al. CoR-MAC: Contention over reservation MAC protocol for time-critical services in wireless body area sensor networks[J]. Sensors, 2016, 16(5): 656.

[41] Buettner M, Yee G V, Anderson E, et al. X-MAC: A short preamble MAC protocol for duty-cycled wireless sensor networks[C]//International Conference on Embedded Networked Sensor Systems, SENSYS 2006, Boulder, Colorado, USA, October 31-November. DBLP, 2006: 307-320.

[42] Piscataway N. Wireless LAN medium access control (MAC) and physical layer (PHY) specifications[J]. IEEE D3, 2012: C1-1184.

[43] Kushalnagar N, Montenegro G, Hui J, et al. Transmission of IPv6 packets over IEEE 802.15.4 networks[C]//6th International Conference on Signal Processing and Communication Systems (ICSPCS). IEEE, 2007: 1-6.

[44] Callaway E, Gorday P, Hester L, et al. Home networking with IEEE 802.15.4: A developing standard for low-rate wireless personal area networks[J]. Communications

Magazine IEEE, 2002, 40(8): 70-77.

[45] Gutierrez J A, Naeve M, Callaway E, et al. IEEE 802.15.4: A developing standard for low-power low-cost wireless personal area networks[J]. IEEE Network, 2001, 15(5): 12-19.

[46] 杨志军, 赵东风. QoS Support Polling Scheme for MAC Multimedia Traffic in Wireless LAN Protocol[J]. 清华大学学报: 自然科学英文版, 2008, (6): 754-758.

[47] Vilajosana X, Tuset P, Watteyne T, et al. OpenMote: Open-source prototyping platform for the industrial IoT[C]//International Conference on Ad Hoc Networks. Cham: Springer, 2015: 211-222.

[48] Yang Z, Zhao D. Polling strategy for wireless multimedia LANs[J]. Tsinghua Science & Technology, 2006, 11(5): 606-610.

[49] Liu Q L, Zhao D F, Ding H W. An improved polling scheme for PCF MAC protocol[C]//7th International Conference on Wireless Communications, Networking and Mobile Computing (WiCOM). IEEE, 2011: 1-4.

[50] Gay D, Levis P, Culler D. Software design patterns for TinyOS[C]//ACM Sigplan/sigbed Conference on Languages, Compilers, and TOOLS for Embedded Systems. DBLP, 2005: 40-49.

[51] Herrmann P, Blech J O, Han F, et al. A model-based toolchain to verify spatial behavior of cyber-physical systems[J]. International Journal of Web Services Research, 2016, 13(1): 40-52.

[52] Yang Z, Zhao D. Research on multimedia transmission of mobile learning based on wireless network[J]. Lecture Notes in Computer Science, 2006, 3942: 778-784.

[53] Yang Z, Zhao D. A new priority-based scheme for QoS differentiation in wireless LAN[C] //Workshop on Intelligent Information Technology Application. IEEE, 2007: 192-195.

[54] Yang Z, Zhao D. QoS support polling scheme for multimedia traffic in wireless LAN MAC protocol[J]. Tsinghua Science and Technology, 2008, 13(6): 754-758.

[55] Levis P, Madden S, Polastre J, et al. TinyOS: An operating system for sensor networks[J]. Ambient Intelligence, 2005: 383-396.

[56] Sankarasubramaniam Y, Akyildiz I F, McLaughlin S W. Energy efficiency based packet size optimization in wireless sensor networks[C]//IEEE International Workshop on Sensor Network Protocols and Applications, Proceedings of the First IEEE. IEEE, 2003: 1-8.